智·慧·商·业
创新型人才培养系列教材

数据分析基础

第2版

宁赛飞 方文婷 邓丽萍／主编

人民邮电出版社

北 京

图书在版编目（CIP）数据

数据分析基础 / 宁赛飞，方文婷，邓丽萍主编.
2版. -- 北京 ：人民邮电出版社，2025. --（智慧商业
创新型人才培养系列教材）. -- ISBN 978-7-115-66498
-3

Ⅰ. O212.1

中国国家版本馆 CIP 数据核字第 2025GJ1968 号

内 容 提 要

本书根据数据分析的过程，系统介绍数据的收集、数据的处理、数据的分析、数据的展现、分析报告的撰写。

本书以 Excel 2019 为分析工具，在数据处理方面介绍数据一致性处理、缺失数据处理、重复数据处理、字段分列、字段抽取、字段匹配、数据转换、数据计算、数据修整；在数据分析方面介绍统计分组、描述性统计、动态数列的分析与预测、相关分析与回归分析、综合评价分析法、四象限分析法；在数据的展现方面介绍柱形图、条形图、折线图、面积图、饼图、圆环图、树状图、旭日图、散点图、气泡图、直方图、排列图、箱形图、瀑布图、漏斗图、股价图、雷达图、组合图、双坐标图、透视图、动态图的用途与制作技巧。此外，分析报告的撰写涉及分析报告的作用与写作原则以及数据分析综合案例等内容。

为了让学生能够及时地检查学习效果、强化记忆和技能，每章后面都安排了丰富的练习题供学生课后练习。

本书既可作为职业院校和本科院校各专业数据分析课程的教材，也可作为广大数据分析爱好者的自学教材。

◆ 主　　编　宁赛飞　方文婷　邓丽萍
　　责任编辑　王　振
　　责任印制　王　郁　彭志环
◆ 人民邮电出版社出版发行　　北京市丰台区成寿寺路 11 号
　　邮编　100164　电子邮件　315@ptpress.com.cn
　　网址　https://www.ptpress.com.cn
　　三河市祥达印刷包装有限公司印刷
◆ 开本：787×1092　1/16
　　印张：11.25　　　　　　　　　　2025 年 2 月第 2 版
　　字数：268 千字　　　　　　　　2025 年 2 月河北第 1 次印刷

定价：49.80 元

读者服务热线：(010)81055256　印装质量热线：(010)81055316
反盗版热线：(010)81055315

前言
FOREWORD

大数据作为信息技术领域又一次颠覆性的技术革命,已经广泛应用于社会、经济和生活的各方面。我国"十三五"规划纲要明确提出:实施国家大数据战略,把大数据作为基础性战略资源,全面实施促进大数据发展行动。

大数据颠覆了人类探索世界的方法和思维方式,改变了企业的商业模式,变革了社会、市场和企业的管理模式,这种变革也给人才需求带来了影响,对传统教学模式提出了极大挑战。因此,如何加强教学改革,培养学生的数据思维,以及数据处理、数据分析、数据可视化的能力,是当前广大职业院校必须面对和迫切需要解决的问题。

本书尽量回避数理统计的有关定理和定义,弱化理论的推导,采用案例教学模式组织教学内容,将理论融入案例,让学生在学习案例的同时,不知不觉地掌握必备的理论知识和数据分析技能;案例的设计由浅入深、循序渐进,案例的讲解清晰、图文并茂,使学生能轻松入门并快速提高。

Excel 是常用的办公软件,其丰富的函数、数据分析功能、图表制作功能足以满足大多数人进行数据统计与分析的需要。因此,本书以 Excel 2019 为分析工具,根据数据分析的过程,依次介绍数据的收集、数据的处理、数据的分析、数据的展现、分析报告的撰写,使学生在学习过程中逐步理解数据分析的流程、思维方式和方法。

本书全面贯彻党的二十大精神,落实立德树人根本任务。本书在每章均设置了素质目标,以帮助学生全面提升职业素养。

　　本书由江西信息应用职业技术学院软件工程系宁赛飞、方文婷、邓丽萍担任主编，深圳市比特安科技有限公司王瑞珩参编。在编写过程中，编者得到了江西信息应用职业技术学院软件工程系领导和计算机基础教研组的大力支持。

　　由于编者水平有限，书中难免有不足之处，恳请专家和读者批评指正。

编　者

2025 年 1 月

目录
CONTENTS

第 1 章

数据分析概述

知识目标

1. 掌握数据分析的过程。

2. 理解并掌握总体、个体、标志、标志表现、统计指标、总量指标、相对标志、平均指标的定义、区别、关系。

3. 理解什么是结构相对指标、对比相对指标、动态相对指标、静态相对指标、完成程度相对指标。

4. 掌握算术平均数、几何平均数、调和平均数的计算方法和应用场景。

技能目标

1. 能正确使用合适的统计指标揭示总体的规律。

2. 在运用平均数解决问题时，能正确选择平均数的类型。

素质目标

1. 掌握数学分析的过程，树立目标意识和全局观。

2. 准确理解并掌握统计学的诸多基本概念，培养刻苦钻研的学习精神。

数据分析是数学与计算机科学相结合的产物。数据分析的数学基础在 20 世纪早期就已确立，但直到计算机的出现才使得其实际操作和推广成为可能。随着互联网的发展和大数据时代的来临，数据分析的重要性比任何时候都更为突出。

1.1 认识数据分析

简单地说，数据分析是指对大量数据进行整理后，利用适当的统计分析方法把隐藏在数据背后的信息提炼出来，并加以概括总结的过程。数据分析包括如下主要内容。

➤ 现状分析：分析已经发生了什么。
➤ 原因分析：分析某一现状为什么发生。
➤ 预测分析：分析将来可能发生什么。

1.1.1 数据分析的过程

数据分析的过程主要包括 6 个既相对独立又相互联系的阶段。

1. 确定分析目的

做任何事情都要有目的，数据分析也不例外。明确目的在数据分析中非常重要，甚至决定了你后面所做的一切有没有价值。如果目的不明确，就很难得到有价值的结果。

2. 数据收集

数据收集是指根据数据分析目的收集相关数据的过程。它为数据分析提供素材和依据。俗话说"巧妇难为无米之炊"，没有数据，再高强的分析本领也无从施展。那么，数据怎么收集呢？可以手动收集，也可以用工具收集。

3. 数据处理

数据处理是指对收集到的数据进行加工整理，将收集到的原始数据转换为可以分析的形式，并且保证数据的一致性和有效性。数据处理是进行数据分析过程中必不可少的阶段。

4. 数据分析

数据分析是指用适当的分析方法和分析工具，对处理过的数据进行分析，形成有效结论的过程。

数据分析多是通过软件来完成的。这就要求我们不仅要掌握各种数据分析的原理和方法，还要熟悉分析软件的操作。本书作为数据分析的基础教材，使用 Excel 通过数据分组、计算统计指标、回归分析、探索相关关系等方法对数据进行统计分析。

5. 数据展现

数据分析的结果往往是一个个数据或一张数据表，这别说一般人看不懂，就是经常做数据分析的人，也很难用眼睛在一大堆数据里面发现有用信息，所以就有了数据展现。

数据展现是指把数据分析的结果进一步优化，用更加直观、有效的方式展现出来。常见的数据展现方式有统计表和统计图。

6. 报告撰写

报告撰写就是把所看到的、所想到的，分析的思路、分析的结果，通过文字、表格、图表的方式记录下来，方便他人阅读和理解分析者的思路和分析结果。

1.1.2 数据分析的工具

做数据分析必须运用工具,没有工具的支撑,数据分析工作几乎无从开展。古语云"工欲善其事,必先利其器",只有借助工具,数据分析才能做到高效、精准。

数据分析的相关工具可以分为以下3种。

(1)存放数据的工具。在数据量大的情况下,需要使用专门的数据库软件。一般数据量在100万条以内的,可以用 Excel 作为数据库。

(2)分析数据的工具。统计分析的软件有很多,如 SPSS、SAS 等,但这些软件价格昂贵,普及率很低。对职业院校的学生来说,最合适的分析软件莫过于 Excel,它虽不如 SPSS、SAS 功能强大,但它是一款通用软件,适用范围广。Excel 所提供的函数、图表绘制功能、数据分析功能及电子表格技术,足以满足非统计专业的教学和工作需要。

(3)撰写分析报告的工具。用 Word、PowerPoint 就可以达到撰写分析报告的目的。

1.2 统计学的几个基本概念

数据分析是统计学的重要内容与扩展,因此,在学习数据分析之前,我们来学习几个统计学基本概念。

1.2.1 现象总体和现象个体

现象总体(以下简称**总体**)是由客观存在的、具有某种共同性质又有差别的许多个别单位所构成的整体。

构成总体的每一个事物或基本单位叫**现象个体**(以下简称**个体**)。原始资料最初就是从每个个体中取得的,所以个体是各项统计数据最原始的承担者。

根据表 1-2-1 的数据,进一步理解什么是总体,什么是个体。

表 1-2-1 某学校全体学生资料一览表

姓名	性别	身高/cm	体重/kg	爱好
张三	男	175	68	篮球
李四	男	172	70	唱歌
王二	女	163	50	舞蹈
……	……	……	……	……

如果研究全校学生的体质特征,那么每一个学生都是一个个体,对每一个个体,都有一整行的数据用于描述这个个体。由每一行数据组成的整个表格的数据就是总体。

如果仅研究学生的身高,那么每一个身高数据就是一个个体,由这些身高数据组成的集合(即表中的第 3 列数据)就是总体。

总体必须具备 3 个特性:**大量性**、**同质性**和**变异性**。

(1)**大量性**:是指总体的量的规定性,即总体的形成要有一个相对规模的量,仅有个别单位或极少量的单位不足以构成总体。因为个别单位的数量表现可能是各种各样的,只对少数单位进行观察，其结果难以反映总体的一般特征。

（2）同质性：是指构成总体的各个单位至少有一种性质是共同的。同质性是将各单位结合起来构成总体的基础，也是总体的质的规定性。

（3）变异性：是指总体各个单位除了具有某种或某些共同性质以外，在其他方面则各不相同，具有质的差异和量的差别（这种差别叫变异）。

1.2.2　标志和标志表现

通常，每个个体都具有许多属性和特征。这些属性和特征叫**标志**。标志的属性或数量在每个个体上的具体表现叫**标志表现**。

比如表 1-2-1 中，要研究全校学生的体质特征，每个学生都是个体，表中的数据标题"性别""身高""体重""爱好"用于描述这类个体的属性和特征，即**标志**；而"男""女""175cm""68kg""唱歌"等就是**标志表现**。

标志按其性质可以分为**数量标志**和**品质标志**。

➢　**数量标志**：以数量的多少来表示的标志，表示事物量的特性，如表 1-2-1 中的"身高"和"体重"。

➢　**品质标志**：不能用数量而只能以性质属性上的差别（即文字）来表示的标志，表示事物质的特征，如表 1-2-1 中的"性别"和"爱好"。

1.2.3　统计指标

假如对表 1-2-1 的数据进行统计计算，可能得出以下统计结果：

➢　学校总人数 5000 人；

➢　男生人数 2600 人；

➢　女生人数 2400 人；

➢　男女性别比 1.08∶1；

➢　平均身高 172cm；

➢　平均体重 62kg。

这些数据在统计学上都称为**统计指标**。

1.2.3.1　理解统计指标

统计指标就是反映总体数量特征的概念和具体数值。通常，一个完整的统计指标包含指标**名称**和指标**数值**两部分。统计指标经常简称为指标，注意不要混淆了指标和标志的概念。

一、指标与标志的区别

（1）标志是用于描述个体的，指标是用于描述总体的。

（2）标志只是一个名称，不含数值（标志表现）；指标既含名称又含数值。

二、指标与标志的联系

（1）具有对应关系。标志与指标名称往往是同一概念。

（2）具有汇总关系。统计指标的数值由标志表现汇总得来。

（3）具有变换关系。随着研究目的的变换，原有的总体转变为个体，相应的统计指标名称也就成为标志；反之亦然。

1.2.3.2 统计指标的分类

按照反映的内容或数值表现形式，统计指标可分为总量指标、相对指标和平均指标。

一、总量指标

总量指标指的是能反映总体**规模**的统计指标，通常以绝对数的形式来表现，因此又称为**绝对数**。总量指标是人们认识总体的起点，是计算其他统计指标的**基础**。

前面例子中的"学校总人数 5000 人""男生人数 2600 人""女生人数 2400 人"，都是总量指标。

又如，商品销售额、总产值、国内生产总值、利润总额、人口总数、房屋居住面积、储蓄存款余额、商品库存量、在校学生数等，都属于总量指标。

总量指标也表现为同一总体在不同的时间、空间条件下的**差数**。例如，2022 年末我国人口总数为 141175 万人，2023 年末我国人口总数为 140967 万人，比 2022 年减少了 208 万人，这个**减少量**也是总量指标。

根据总体反映的具体内容的特点，总量指标分为**标志总量**和**单位总量**。

（1）标志总量：总体在某一标志上的所有标志表现之和。

（2）单位总量：总体所包含的个体总数。

二、相对指标

相对指标是两个总量指标之比，因此又称**相对数**。

前面例子中的"男女性别比 1.08 : 1"，就是相对指标。

再如，产品合格率、同比发展速度、环比发展速度、经济增长率、物价指数、恩格尔系数、股票价格指数、固定资产增长率等，都是相对指标。

相对指标可分为**结构**相对指标、**对比**相对指标、**完成程度**相对指标等。

1. 结构相对指标

结构相对指标又称结构相对数或**比重**指标，是在统计分组的基础上，总体中某一组的数值与总体指标数值的比值，以说明总体内部组成情况，一般用百分数表示。

$$结构相对指标 = \frac{总体某部分的数值}{总体总量}$$

例如，表 1-2-2 所示为我国第七次人口普查统计数据，其中的第 3 列数据就是结构相对指标。

表 1-2-2 我国第七次人口普查统计数据（截至 2020.11.1）

年龄	数量/人	比重
0～14 岁	253383938	17.95%
15～59 岁	894376020	63.35%
60 岁及以上	264018766	18.70%
合计	1411778724	100%

结构相对指标

结构相对指标具有如下特点。

（1）分子分母不能互换。

（2）指标值＜1。

（3）指标值之和＝1。

常用的**合格率**、**恩格尔系数**都属于结构相对指标。

（1）合格率＝$\dfrac{\text{合格产品数量}}{\text{全部产品数量}}$，反映工作质量的高低。合格率越高，工作质量越高。

（2）恩格尔系数＝$\dfrac{\text{食品支出总额}}{\text{个人消费支出总额}}$，反映生活质量的高低。恩格尔系数越低，生活质量越高。

2．对比相对指标

任何事物都是既有共性特征，又有个性特征的，只有通过对比，才能分辨出事物的性质、变化、发展的规律。数据分析亦如此，对庞大的数据做单独分析，通常很难发现其意义，只有将不同数据进行对比，才能发现更多本质现象。这种分析数据的方法就叫**对比分析法**。通常情况下，对比相对指标可以分为**静态相对指标**和**动态相对指标**。

（1）静态相对指标。

静态相对指标是指同一总体在**相同时间**下不同组（部门、单位、地区）的数据对比，通常用比值、倍数、系数或百分数表示。

$$\text{静态相对指标}=\frac{\text{总体中某一组的指标数值}}{\text{总体中另一组的指标数值}}$$

例如，某地区某年末人口总数为1000万人，其中男性514万人，女性486万人，该地区男性人口总数约为女性人口总数的105.8%，男女性别比例约为105.8∶100。

再如，某月甲商场总销售额为120万元、乙商场总销售为156万元，则甲商场的总销售额约为乙商场的76.9%，或者说，乙商场的总销售额为甲商场的1.3倍。

静态相对指标有如下特点。

① 同一总体、同一指标、同一时间、不同组的数值对比。

② 分子、分母可以互换。

通过静态对比，可以了解自身的发展在行业内处于什么样的位置，哪些指标是领先的，哪些指标是落后的，进而找出下一步发展的方向和目标。

（2）动态相对指标。

动态相对指标是指同一总体的同一指标在**不同时间**下的数据对比，以说明总体在不同时间的发展**变化情况**，通常用百分数表示。

例如，某企业2022—2023年各月销售额如表1-2-3所示，则2023年12月的**同比发展速度**为$\dfrac{270}{266}\approx102\%$，2023年12月的**环比发展速度**为$\dfrac{270}{250}=108\%$。

动态相对指标有如下特点。

① 同一总体、同一指标、不同时间的数值对比。

② 分子、分母不可以互换。

表1-2-3　某企业2022—2023年各月销售额　　　　单位：万元

月份	1	2	3	4	5	6	7	8	9	10	11	12
2022年	230	253	176	105	72	52	41	36	71	144	248	266
2023年	240	270	178	105	76	50	38	35	76	151	250	270

动态相对指标的计算在"4.3 动态数列的分析与预测"中有进一步的介绍。

3. 完成程度相对指标

完成程度相对指标是实际完成值与计划完成值之比，通常用百分数表示。其计算公式为：

$$完成程度相对指标 = \frac{实际完成值}{计划完成值}$$

例如，某年某企业的商品销售额计划指标为 3000 万元，当年该企业实际商品销售额为 3600 万元，则完成程度相对指标 $= \frac{3600}{3000} = 120\%$。

三、平均指标

平均指标又称**平均数**，是反映总体在某一空间、时间、条件下的一般水平的指标。

前面例子中的"平均身高 172cm"和"平均体重 62kg"都是平均指标。

再如，家庭人均消费水平、人均寿命等，也是平均指标。

平均指标按计算和确定方法的不同，分为**算术平均数、几何平均数、调和平均数**。

1. 算术平均数

算术平均数是应用最为广泛的一种平均数，指的是总体的标志总量与单位总量的比值，即算术平均数 $= \dfrac{标志总量}{单位总量}$。

具体来说，对于一组统计数据 $X_1, X_2, X_3, X_4, \cdots, X_n$，其算术平均数 $\bar{x} = \dfrac{x_1 + x_2 + \cdots + x_n}{n}$。

一般情况下所说的平均数就是指算术平均数。

2. 几何平均数

对于一组统计数据 $X_1, X_2, X_3, X_4, \cdots, X_n$，其几何平均数 $\bar{x}_G = \sqrt[n]{x_1 x_2 \cdots x_n}$。

也就是说，几何平均数是所有数的乘积开 n 次方。

例1：某工厂生产机器，有粗加工、精加工两道连续作业的工序，所以有两个相应的生产车间，各车间产品合格率分别为 90%、60%。问：该工厂产品的平均合格率是多少？

解：因为产品总合格率为 90%×60%=54%，而不是 90%+60%=150%，所以，其平均合格率为 $\sqrt{90\% \times 60\%} = 73.5\%$。

使用几何平均数通常满足以下两个条件。

（1）给定的统计数据通常是**相对指标**，如合格率、利率、发展速度等。

（2）这些相对指标往往是同一总体在不同时间上的表现，其乘积正好是对应的总指标（如总合格率、总利率、总发展速度）。

3. 调和平均数

调和平均数又称倒数平均数，因为它是指所有数的倒数的平均数的倒数。也就是说，对于一组统计数据 $X_1, X_2, X_3, X_4, \cdots, X_n$，其调和平均数为：$\overline{x}_H = \dfrac{1}{\dfrac{\frac{1}{x_1} + \frac{1}{x_1} + \cdots + \frac{1}{x_n}}{n}}$

调和平均数一般用于无法掌握总体单位数量的情况。

例2：在股市低迷时期，为了降低投资风险，小赵采用定额、定期的投资方式，利用理财软件设置自动在每周一下午两点购买某基金。已知第一周购买价格为 50 元/股，第二周购买价格为 40 元/股，第三周购买价格为 35 元/股，第4周购买价格为 30 元/股。问：小赵购买该基金的平均价格是多少？

解：理论上，平均价格 $= \dfrac{总金额}{总股数}$，但此时并不知道小赵的投资金额和股数，所以平均价格可以用调和平均数表示，即

$$\overline{x}_H = \frac{1}{\dfrac{\frac{1}{50} + \frac{1}{40} + \frac{1}{35} + \frac{1}{30}}{4}} = \frac{4}{\frac{1}{50} + \frac{1}{40} + \frac{1}{35} + \frac{1}{30}} \approx 37.4（元/股）$$

如果想不通，我们可以用常规思维来解：假定小赵每次购买的金额是 100 元，那么，

$$平均价格 = \frac{总金额}{总股数}$$

$$= \frac{400}{\frac{100}{50} + \frac{100}{40} + \frac{100}{35} + \frac{100}{30}}$$

$$= \frac{4}{\frac{1}{50} + \frac{1}{40} + \frac{1}{35} + \frac{1}{30}}$$

$$\approx 37.4（元/股）$$

> 📖**注意**
>
> 本例给定了一个"定额"购买的条件，如果没有这个条件，平均价格就更需要用调和平均数表示了。

从数学角度看，对于同一组数据 $X_1, X_2, X_3, X_4, \cdots, X_n$，其调和平均数≤几何平均数≤算术平均数，当且仅当 $X_1 = X_2 = X_3 = X_4 = \cdots = X_n$ 时等号成立。

1.3 练习

1. 填空题

（1）数据分析过程主要包括 6 个既相对独立又相互联系的阶段，分别是＿＿＿、＿＿＿、＿＿＿、＿＿＿、＿＿＿、＿＿＿。

（2）每个个体都具有许多属性和特征，这些属性和特征叫标志。标志的属性或数量在每个个体上的具体表现叫＿＿＿＿＿＿＿。标志按其性质可以分为＿＿＿＿＿＿＿和＿＿＿＿＿＿＿。

（3）某单位组织了一场活动，该单位共有职工 520 人，参加此次活动的共 360 人，其中男职工 200 人，女职工 160 人。从以上数据可知，参加此次活动的人数约占全单位的 69%，男女比例为 5：4。在这些统计数据中，"共有职工 520 人"是＿＿＿＿＿＿＿＿＿指标，"男职工 200 人"是＿＿＿＿＿＿＿指标，"参加此次活动的人数约占全单位的 69%"是＿＿＿＿＿＿＿指标，"男女比例为 5：4"是＿＿＿＿＿＿指标。

2. 选择题

（1）如果将数据分析精简为 4 个步骤，则 4 个步骤依次是（　　　）。

    A. 获取数据、处理数据、分析数据、呈现数据

    B. 获取数据、呈现数据、处理数据、分析数据

    C. 获取数据、处理数据、呈现数据、分析数据

    D. 呈现数据、分析数据、获取数据、处理数据

（2）数据分析的主要目的是（　　　）。

    A. 删除异常的和无用的数据　　　　　　B. 挑选出有用和有利的数据

    C. 以图表的形式直观展现数据　　　　　D. 发现问题并提出解决方案

（3）以下关于数据分析的叙述中，不正确的是（　　　）。

    A. 数据分析就是对收集的数据进行拆分，弄清其结构、作用和原理

    B. 数据分析就是采用适当的统计分析方法对数据进行汇总、理解并消化

    C. 数据分析旨在从杂乱无章的原始数据中提取有用信息并形成结论

    D. 数据分析旨在研究数据中隐藏的内在规律，帮助管理者进行判断和决策

（4）统计调查的继续和统计分析的前提是（　　　）。

    A. 数据收集　　　　B. 统计设计　　　　C. 数据处理　　　　D. 统计准备

（5）3 名学生期末成绩分别为 80 分、85 分、90 分，这 3 个数字是（　　　）。

    A. 变量　　　　　　B. 指标　　　　　　C. 标志表现　　　　D. 标志

（6）以下属于数量标志的是（　　　）。

    A. 性别　　　　　　B. 年龄　　　　　　C. 民族　　　　　　D. 文化程度

（7）赵龙月薪 4000 元，他所在单位的平均月薪为 5000 元，以下属于统计指标的是（　　　）。

    A. 月薪　　　　　　　　　　　　　　　B. 平均月薪

    C. 赵龙月薪 4000 元　　　　　　　　　D. 赵龙所在单位的平均月薪为 5000 元

（8）对两个或多个数据进行比较常用对比分析法，通过分析其间的差异，揭示数据变化的情况和规律。以下关于对比分析法的叙述中，不正确的是（　　　）。

    A. 对比的对象要有可比性　　　　　　　B. 对比数据的计算单位必须一致

    C. 同一时间的数据才能对比　　　　　　D. 对比的指标必须统一

（9）某班级共有 50 名学生，其中女生 20 名，以下叙述正确的是（　　　）。

    A. 男生占 30%　　　　　　　　　　　　B. 女生占 20%

    C. 男女生比例为 20：30　　　　　　　　D. 男女生比例为 3：2

（10）某菜店，芹菜早上卖 5 元一斤，中午卖 4 元一斤，晚上卖 2.5 元一斤，小杨早上买了 3 元，中午买了 3 元，晚上买了 3 元，小杨买的芹菜平均一斤（　　）元。

    A．5.8　　　　　　B．3.53　　　　　　C．3.83　　　　　　D．3

3. 计算题

（1）已知 6 名学生的月生活费分别是 750 元、800 元、920 元、950 元、1000 元和 1100 元，求他们的平均月生活费。

（2）某班共有 40 名学生，他们向地震灾区捐款的统计情况分别是 3 人各捐 10 元、20 人各捐 20 元、10 人各捐 50 元、5 人各捐 100 元、2 人各捐 200 元，求该班级的平均捐款额。

（3）某工厂招聘人才，设有初试、笔试、面试 3 个连续环节，各环节的通过率分别为 60%、70%、80%，求招聘的平均通过率。

（4）王浩采用快慢结合的运动方式锻炼身体，他先以 2m/s 的速度绕跑道走一圈，然后以 4m/s 的速度慢跑一圈，再以 8m/s 的速度快跑一圈，最后又以 5m/s 的速度慢跑一圈，中间没有停顿，问王浩运动的平均速度是多少？

数据的收集

知识目标

1. 了解数据的类型。
2. 了解数据的呈现形式。
3. 了解收集一手数据的方法。
4. 掌握收集二手数据的方法。

技能目标

1. 会使用 Excel 导入各种类型的数据，为后续整理和分析数据做准备。
2. 会使用八爪鱼采集器采集网站中的数据。

素质目标

1. 培养对数据的敏感性，提高对数据的价值判断能力。
2. 培养合作意识和团队合作能力，能通过小组合作完成数据收集任务。

传统的数据主要包括实验数据、调查数据以及各种途径收集到的其他数据。这些数据大多存在误差，容易导致分析结果出现偏差。随着互联网的发展和大数据的出现，数据的收集环节有了很大变化，较常用的方法是直接从网上下载数据。

2.1 理解数据

很多人一开始并不能清晰地认识到数据分析对数据有什么要求。正因为如此，进行数据分析时就会迷茫、无从下手。因此，对数据的正确理解是数据分析的一个重要前提。

2.1.1 数据的类型

不同角度、不同学科的数据类型不尽相同。在 Excel 中，数据类型细分起来有很多（见图 2-1-1），但是归根结底还是四大类，分别是数值、货币、日期与时间、文本。

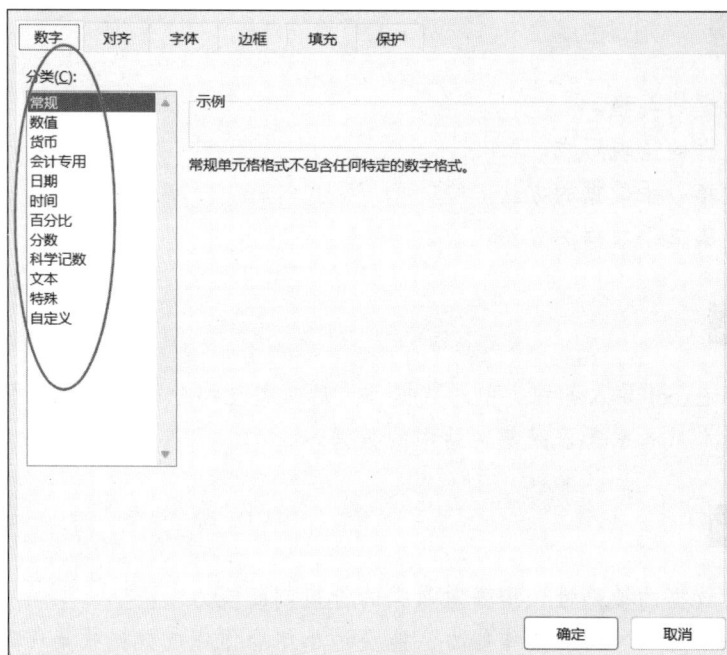

图 2-1-1　Excel 数据类型

在数据计算过程中，我们发现，数值、货币、日期与时间都可以进行加、减、乘、除等算术运算，所以统称为**数值型**；而文本只能进行简单的"计数"，不能进行算术运算，所以称为**文本型**。

在 Excel 数据分析中，我们把数据分成两种：**数值型**数据和**文本型**数据。**数值型**数据对应统计学中**数量标志**的标志表现，**文本型**数据对应统计学中**品质标志**的标志表现。

2.1.2 数据的呈现形式

在 Excel 中，单个标志的数据可以排成一列，也可以排成一行或一个矩形块。例如某公司 100 名职工的月基本工资数据如图 2-1-2 和图 2-1-3 所示。

	A
1	基本工资/元
2	2390
3	2350
4	2380
5	2360
6	2430
7	2460
8	2440
9	2620
10	2170
11	2600

图 2-1-2　单列数据

	A	B	C	D	E	F	G	H	I	J
1	100名职工的基本工资/元									
2	2390	2350	2380	2360	2430	2460	2440	2620	2170	2600
3	2650	2620	2640	2630	2320	2350	2380	2420	2490	2490
4	2510	2530	2540	2590	2620	2650	2700	2690	2370	2350
5	2380	2410	2440	2470	2500	2530	2560	2590	2620	2650
6	2680	2690	2320	2350	2380	2410	2440	2475	2500	2525
7	2560	2620	2630	2670	2690	2660	2320	2350	2380	2410
8	2440	2470	2500	2530	2560	2590	2620	2650	2680	2610
9	2320	2350	2380	2410	2440	2472	2500	2528	2560	2590
10	2620	2650	2680	2670	2320	2350	2380	2410	2440	2470
11	2500	2530	2560	2590	2620	2650	2680	2670	2370	2350

图 2-1-3　矩形块数据

在 Excel 中，多标志的数据通常以数据清单的形式展现，如图 2-1-4 所示。

姓名	学校	年级	数学	物理	化学	总分
寸待杨	一中	高二	47	51	63	161
寸素香	二中	高三	36	41	63	140
寸静萍	四中	高一	98	80	73	251
寸德志	一中	高一	98	77	84	259
尹兴帅	一中	高二	97	78	100	275
尹兴松	二中	高一	69	73	64	206
尹丽蓉	二中	高三	84	75	66	225

图 2-1-4　数据清单

Excel 数据清单包含一行列标题和多行数据，清单中的每一列称为一个**字段**，列标题称为**字段名**（即统计学中的**标志**）；清单中的每一列数据的类型和格式完全相同；清单中每一行数据称为一条**记录**。

数据清单中不能有合并单元格。

多个相关的数据清单在一起，就称为一个数据库。

2.2　收集数据

根据数据的来源不同，可以将数据分成一手数据和二手数据。

一手数据也称为原始数据，是指通过访谈、询问、问卷、测定等方式直接获得的数据。

二手数据也称为次级数据，是指那些从同行或媒体平台获得的、经过加工整理的数据，比如国家统计局定期发布的各种数据，从报纸、电视上获取的各种数据。

2.2.1　一手数据的收集

收集一手数据的传统方法有观察法、采访法、问卷调查法、抽样调查法、实验法、报告法等。

大数据时代，数据的产生方式呈现多样化，如从传感器、摄像头收集的数据，电子商务在线交易日志数据，应用服务器日志数据等，都是自动生成的数据。

2.2.1.1　问卷调查法

问卷调查法是人们常用的获取数据的方法，其特点是把调查项目列于表格上形成问卷，通过发放问卷收集调查对象情况。

运用问卷调查法时，问题的设计应遵循以下原则。

（1）具体性原则，即问题的内容要具体，不要提抽象、笼统的问题。

（2）单一性原则，即问题的内容要单一，不要把两个或两个以上的问题合在一起提。

（3）通俗性原则，即表述问题的语言要通俗，不要使用被调查者陌生的语言，特别要避免使用过于专业的术语。

（4）准确性原则，即问题的表述要准确，不要使用模棱两可、含混不清或容易产生歧义的语句或概念。

（5）简明性原则，即问题的表述应该尽可能简单、明确，不要冗长和啰唆。

（6）客观性原则，即问题的表述要客观，不要有诱导性或倾向性。

（7）非否定性原则，即要避免使用否定句表述问题。

（8）可能性原则，即必须符合被调查者回答问题的能力。凡是超越被调查者理解能力、记忆能力、计算能力、回答能力的问题，都不应该提出。

（9）自愿性原则，即必须考虑被调查者是否自愿真实回答问题。凡被调查者不可能自愿真实回答的问题，都不应该正面提出。

2.2.1.2　利用在线问卷获取数据

随着信息化技术的发展，在线问卷调查平台越来越多。接下来介绍使用问卷星发放调查问卷的过程，本次调查问卷使用的是"公共基础课教师教学满意度调查.docx"中的题目。

（1）在浏览器中访问问卷星首页，单击"免费使用"按钮，如图 2-2-1 所示。

图 2-2-1　问卷星首页

（2）单击"创建问卷"按钮，在"选择应用场景"中选择"调查"，在右侧标题框中输入调查标题"公共基础课教师教学满意度调查"，单击"创建调查"按钮，如图 2-2-2 所示。

图 2-2-2　新建调查问卷

（3）单击"添加问卷说明"按钮，如图 2-2-3 所示，输入如下问卷说明文字。

尊敬的同学：

您好！为了不断提升公共基础课教学质量，优化教学环境，我们特此开展本次公共基础课教师教学满意度调查。您的意见对我们至关重要，请根据个人真实感受认真填写以下问卷。我们承诺，所有信息将仅用于教学改进，确保您的隐私安全。

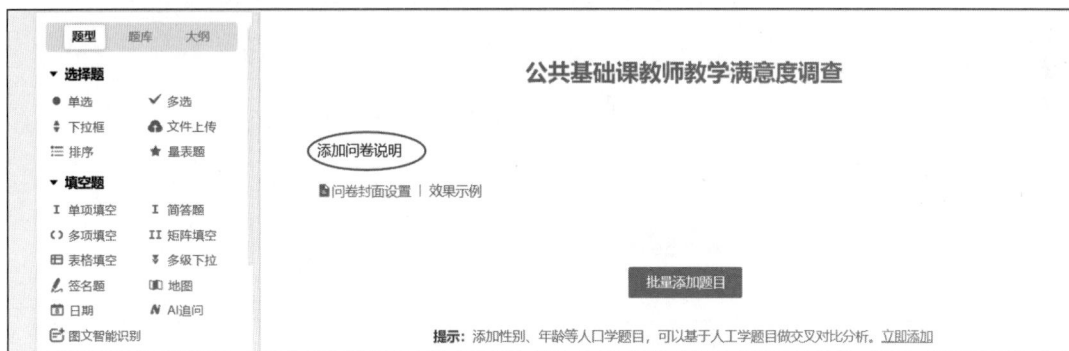

图 2-2-3　单击"添加问卷说明"按钮

（4）添加第一个段落说明"基本信息"，单击"完成编辑"按钮，如图 2-2-4 所示。

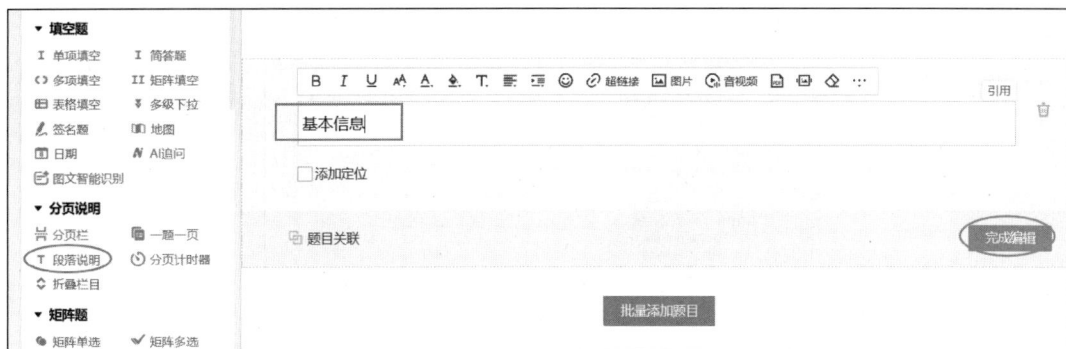

图 2-2-4　添加段落说明

（5）单击"批量添加题目"按钮，在弹出的批量添加对话框的左侧文本框中粘贴前两题的文本，右侧即出现题目预览效果，确定题目无误后单击"确定导入"按钮，如图 2-2-5 所示。

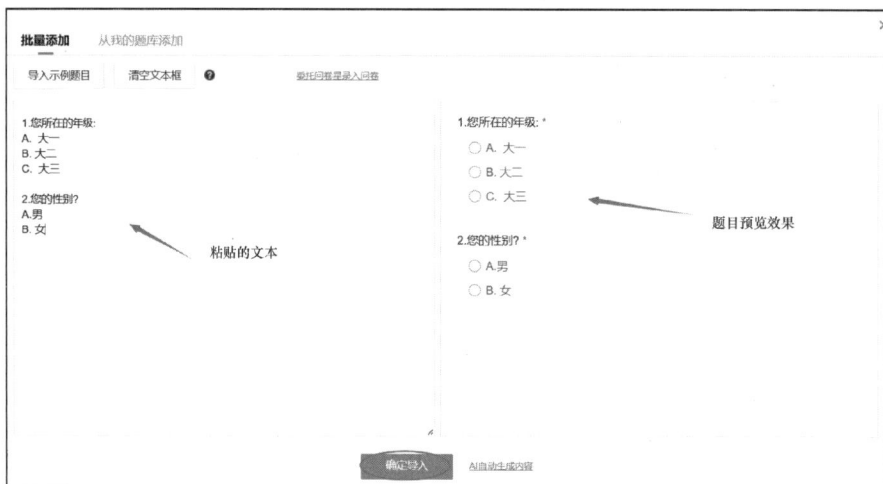

图 2-2-5　批量添加题目

（6）在题型中选择"多级下拉"，输入文字"您所在系及专业:"，单击"点击设置多级下拉选项"按钮，如图 2-2-6 所示。

图 2-2-6　添加"多级下拉"选项

在弹出的"多级下拉框编辑"对话框中粘贴"学校专业.xlsx"中第一个表格 C1:C21 单元格区域的文本，单击"保存"按钮，如图 2-2-7 所示。

图 2-2-7　添加下拉列表选项

回到题目编辑状态后，单击"完成编辑"按钮即可完成本题的设置。如果想看题目效果，可以单击右上角的"预览"按钮，如图 2-2-8 所示。

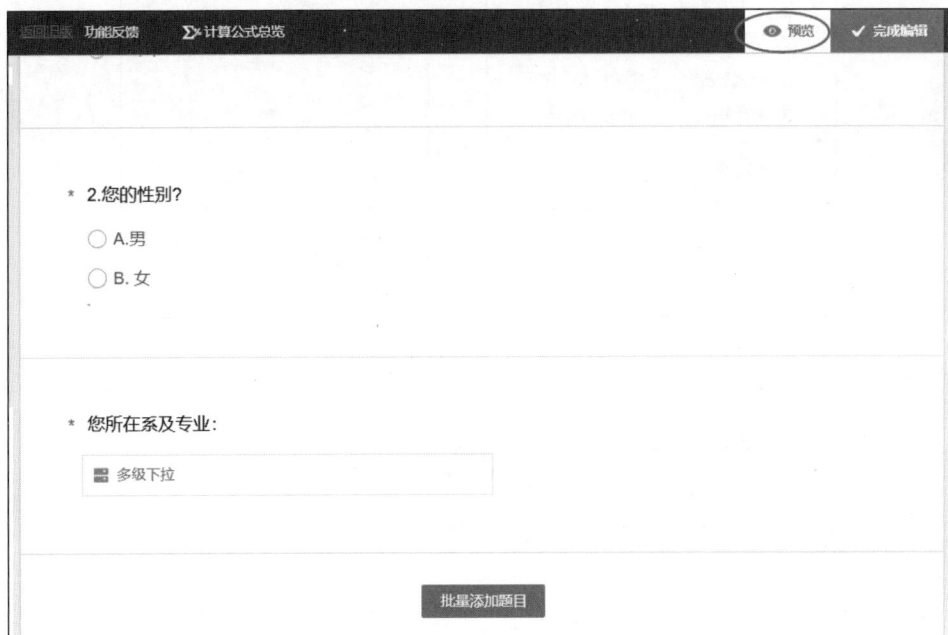

图 2-2-8　单击"预览"按钮

（7）添加段落说明"教学质量评价"，单击"批量添加题目"按钮，把第 4～7 题批量添加到问卷中。

添加段落说明"教学方法与互动"，单击"批量添加题目"按钮，把第 8～11 题批量添加到问卷中。

在题型中选择"单项填空"，在右侧文本框中输入"12. 教师平均几天布置一次作业？"，在"属性验证"下拉列表中选择"整数"（这样被调查者只能输入整数，输入汉字或者小数时就会报错，可以减少后期整理数据的工作量），单击"完成编辑"按钮，如图 2-2-9 所示。

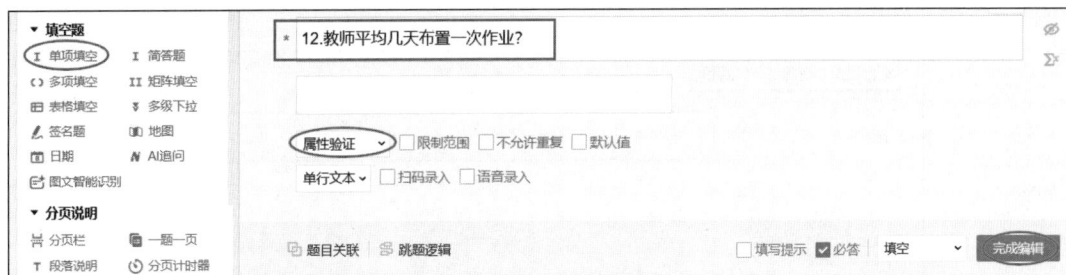

图 2-2-9　添加填空题

（8）添加段落说明"教学方法与互动"后，在题型中选择"矩阵量表"，单击右侧的"行标题\选项"，选择"批量编辑行标题"，如图 2-2-10 所示。

在弹出的"行标题"对话框中输入第 13～15 题的题目，单击"确定"按钮，如图 2-2-11 所示。

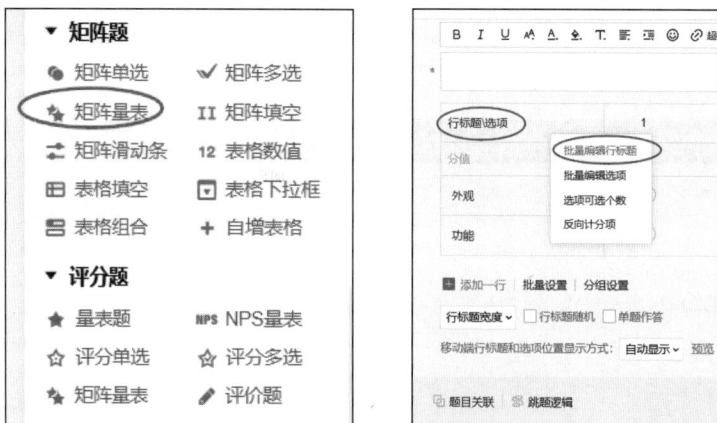

图 2-2-10　添加矩阵量表

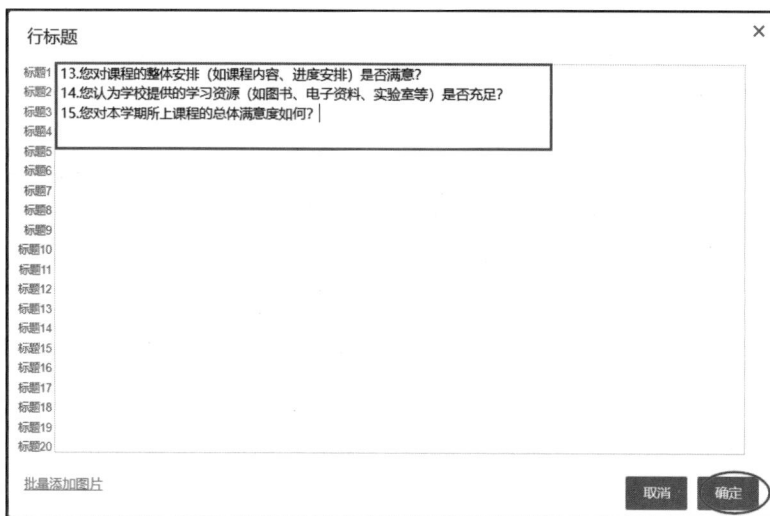

图 2-2-11　添加行标题

在行标题上方输入矩阵量表名称"课程组织与资源与总体评价"，在选项中分别输入 5 个选项文本，如图 2-2-12 所示。

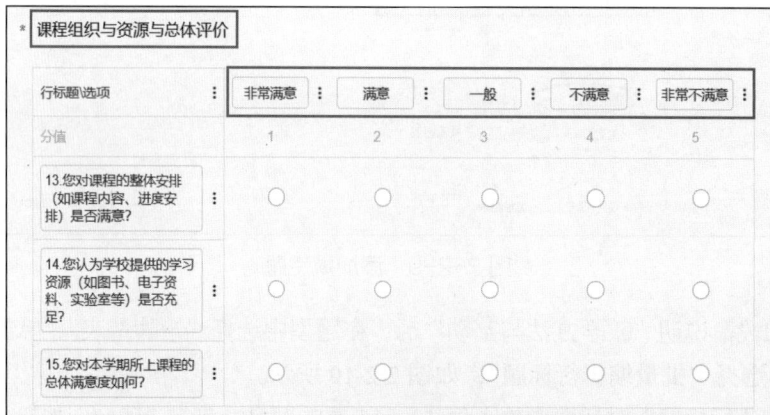

图 2-2-12　输入矩阵量表标题与选项

（9）在题型中选择"简答题"，并在右侧文本框中输入第 16 题的题目，单击"完成编辑"按钮，如图 2-2-13 所示。

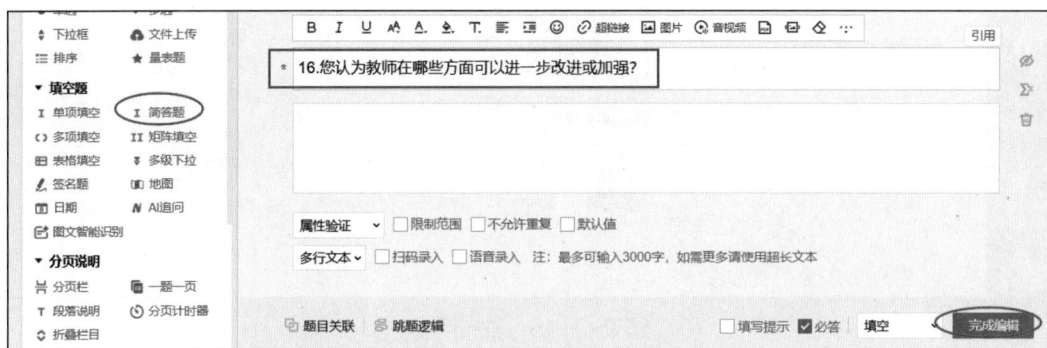

图 2-2-13　添加简答题

同样添加第 17 题为简答题，在输入第 17 题的题目后单击"题目关联"按钮，在弹出的"题目关联逻辑"对话框中选择第 13 题，勾选"一般""不满意""非常不满意"复选项，单击"保存"按钮，如图 2-2-14 所示。单击"完成编辑"按钮。被调查者在做第 13 题时如果选择后面 3 个选项，问卷中就会显示第 17 题；如果在做第 13 题时选择了"非常满意"或者"满意"两个选项就不会出现第 17 题。

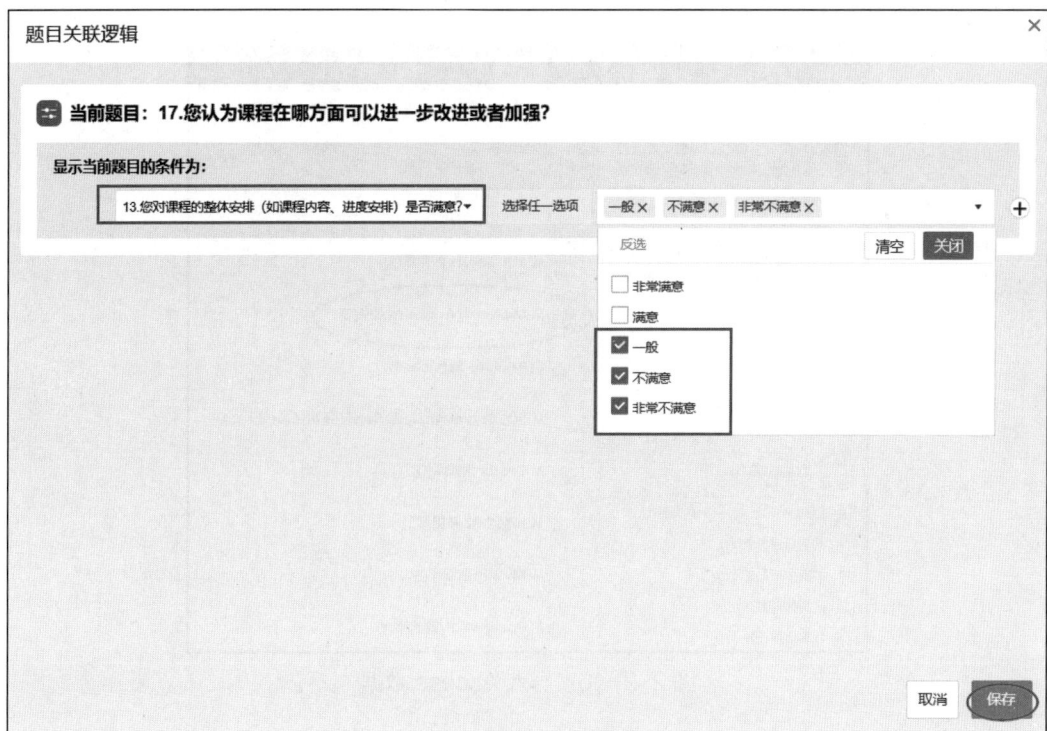

图 2-2-14　关联题目

同样添加第 18 为简答题，第 18 题关联第 14 题的后 3 个选项"一般""不满意""非常不满意"。这样第 14 题选后面 3 个选项的人就要回答第 18 题。

18 个题目全部设置完成后单击网页右上方的"完成编辑"按钮。

（10）选择"发送问卷"，根据需要在右侧选择合适的方式发布问卷，如图 2-2-15 所示。

图 2-2-15　发布问卷

2.2.2　二手数据的收集

收集二手数据的途径主要有导入外部数据和利用爬虫软件下载网络数据。

2.2.2.1　导入外部数据

一、导入 Access 数据

（1）在 Excel 中选择"数据"|"获取数据"|"自数据库"|"从 Microsoft Access 数据库"命令，如图 2-2-16 所示。

图 2-2-16　导入 Access 数据

（2）在弹出的对话框中找到数据库文件所在路径，选择需要的 Access 文件"图书销售.accdb"，如图 2-2-17 所示。

（3）单击"导入"按钮，在弹出的"导航器"对话框中选择需要的"销售情况"表，对话框右侧会显示预览效果，如图 2-2-18 所示。

图 2-2-17　选择 Access 文件

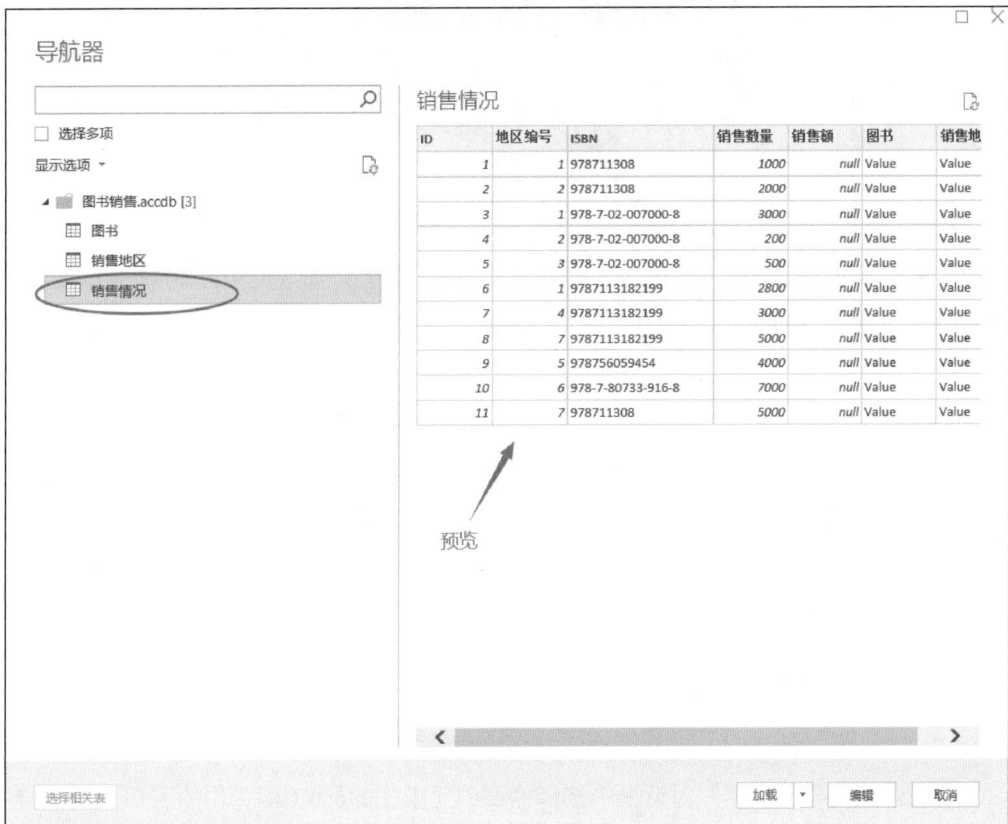

图 2-2-18　选择 Access 表

（4）单击"导航器"对话框的"加载"按钮，导入的结果如图 2-2-19 所示。

图 2-2-19　导入的结果

> 📖**注意**
>
> Excel 也可以导入其他数据库，但是需要先链接数据库。

二、导入网站表格数据

（1）在 Excel 中单击"数据"|"自网站"按钮，如图 2-2-20 所示。

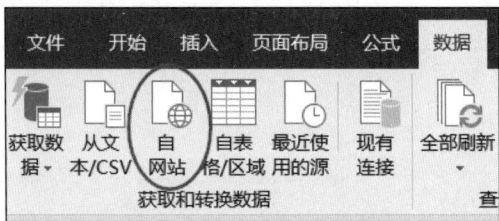

图 2-2-20　导入网站数据

（2）在打开的对话框中输入或粘贴网址。此处为方便演示，采用网址 https://www.newrank.cn/rankfans/xiaohongshu/1/1，单击"确定"按钮，如图 2-2-21 所示。

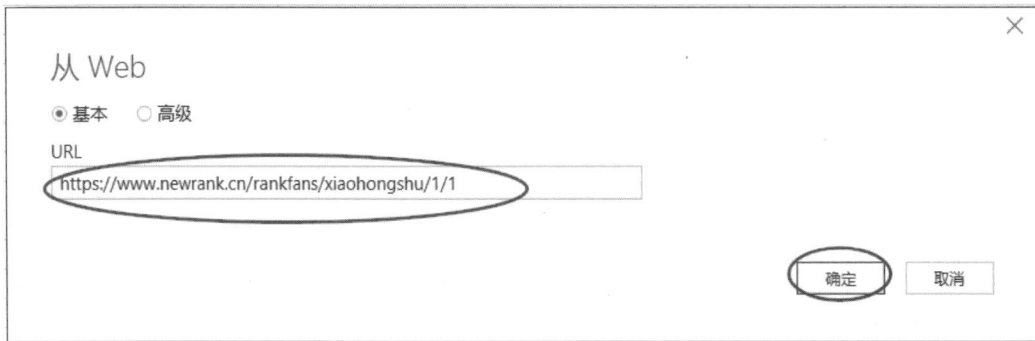

图 2-2-21　输入或粘贴网址

（3）在弹出的"导航器"对话框中选择需要的元素 Table 0（网页中的表单），右侧有表视图和 Web 视图两种预览方式，表视图即导入的效果图，单击"加载"按钮，如图 2-2-22 所示。

导入的结果如图 2-2-23 所示。

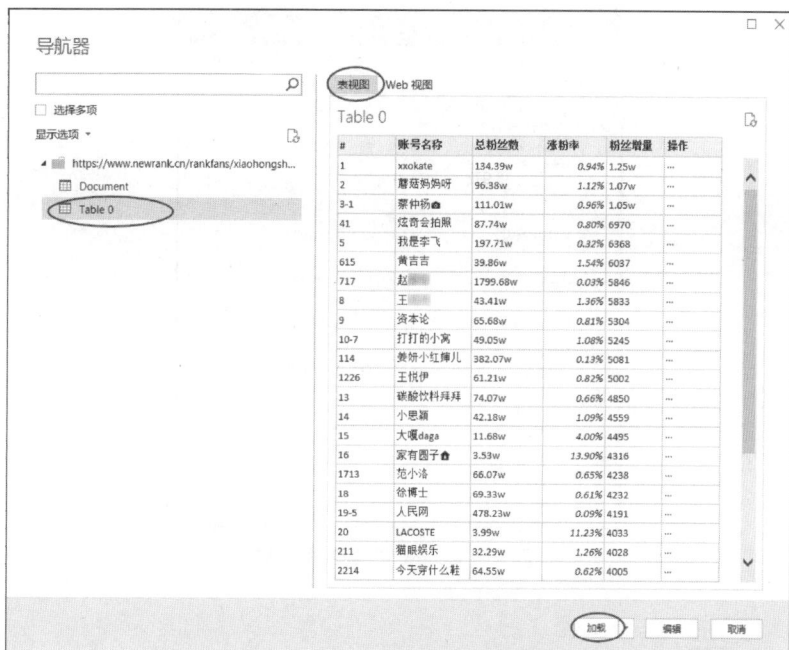

图 2-2-22　选择要导入的数据

图 2-2-23　导入的结果

三、合并多个文件数据

（1）使用前面的方法只能导入单个表或者网页表单数据，如果需要同时导入多个文件并进行文件数据合并，则可以选择"数据"|"获取数据"|"自文件"|"从文件夹"命令，如图 2-2-24 所示。

（2）在弹出的"文件夹"对话框中单击"浏览"按钮，选择待合并的文件夹路径，单击"确定"按钮，如图 2-2-25 所示。

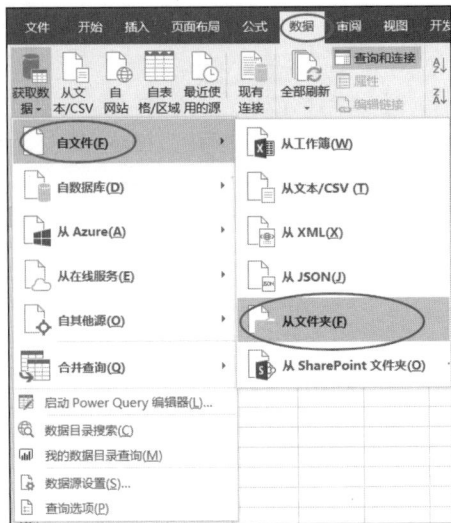

图 2-2-24　从文件夹导入数据

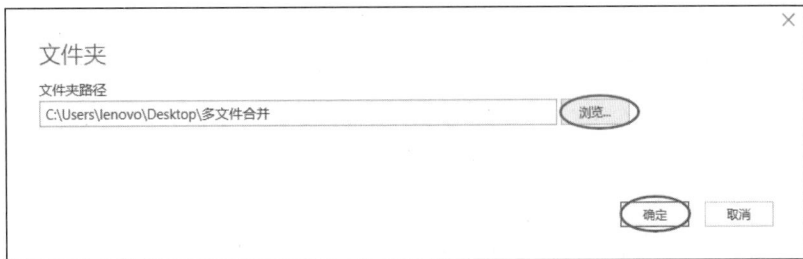

图 2-2-25　选择路径

（3）在弹出的对话框中选择"组合"下拉列表中的"合并和加载"，如图 2-2-26 所示。

图 2-2-26　选择组合方式

（4）在弹出的"合并文件"对话框的示例文件中选中相应的工作表，右侧显示预览数据效果，单击"确定"按钮，如图 2-2-27 所示。

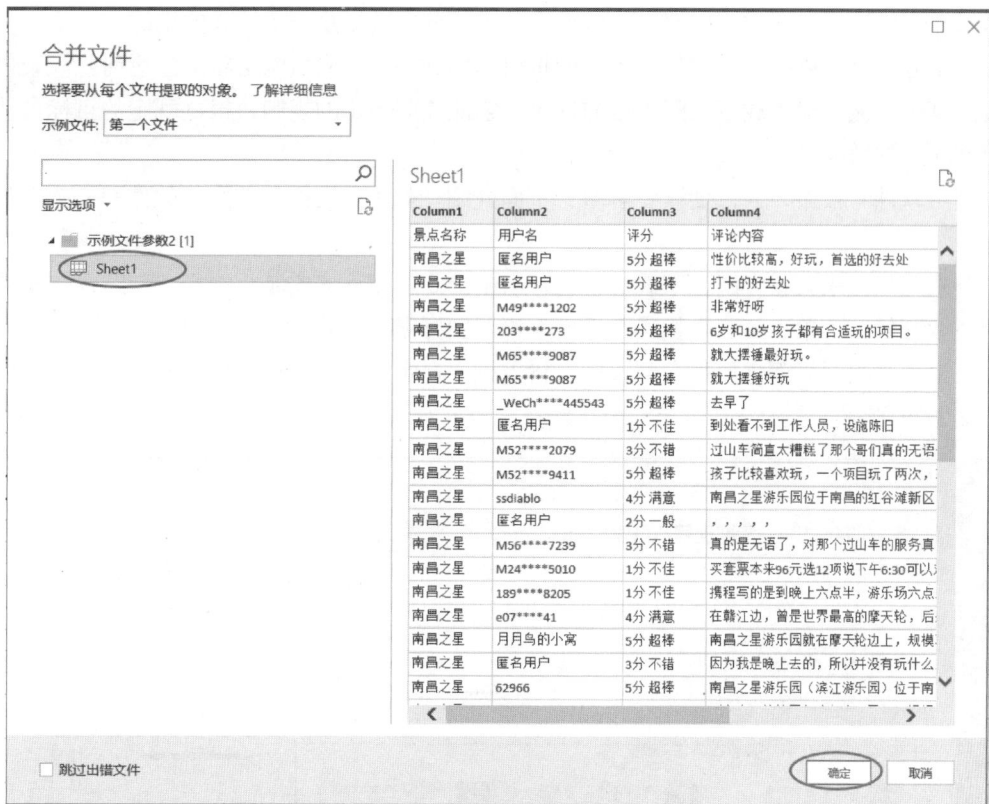

图 2-2-27　选择要提取的对象

文件夹中所有选中数据全部组合到新表中，如图 2-2-28 所示。

图 2-2-28　组合后的数据

📖**注意**

合并文件相当于把原文件复制过来，所以每个文件的字段名也会被复制，可以通过去除重复行解决这个问题；被合并的文件要求字段顺序一致，否则加载出来的数据会出现同一列不同字段的情况。

2.2.2.2　利用爬虫软件下载网络数据

利用前面介绍的方法只能下载网络上已经汇总的表格数据，事实上，万维网上更多的数据是以非表格形式呈现的。如何有效地提取并利用这些数据是一个巨大的挑战。

为了应对这一挑战，定向抓取相关网页资源的软件——聚焦网络爬虫应运而生。聚焦网络爬虫是一种能自动下载万维网数据的程序，它能按照一定的规则，根据既定的目标自动抓取万维网上的数据。

爬虫软件有很多，为方便读者学习，下面介绍一款不需要编程的爬虫软件——八爪鱼采集器。

登录八爪鱼采集器官网，下载安装包，双击.exe 应用程序安装，选择安装路径，安装成功后在"开始"菜单、桌面中找到八爪鱼采集器图标🐙，双击图标即可打开八爪鱼采集器。

八爪鱼采集器界面主要由左侧边栏、输入框、自定义任务、模板任务及热门模板组成，如图 2-2-29 所示。

图 2-2-29　八爪鱼采集器界面

左侧边栏：可单击相应的按钮进入相应的模块。

输入框：输入网址或者网站名称，单击"开始采集"来采集数据。

自定义任务：可在本模块新建自定义任务，如果不熟悉操作可单击"查看讲解视频"按钮，学习具体操作步骤。

模板任务：可在本模块新建模板任务，如果不熟悉操作可单击"查看讲解视频"按钮，学习具体操作步骤。

热门模板：展示热门的采集模板，单击网站模板图标，可进入"通过模板采集数据"模式，详情请查看"使用模板完成数据采集"。

1.　使用模板完成数据采集

（1）新建模板任务。

方式一：在左侧边栏单击"新建"按钮，选择"模板任务"，如图 2-2-30 所示。

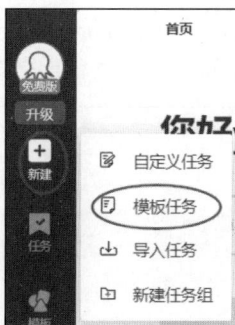

图 2-2-30　新建模板任务（方式一）

方式二：在八爪鱼采集器界面单击"去使用模板任务"按钮，如图 2-2-31 所示。

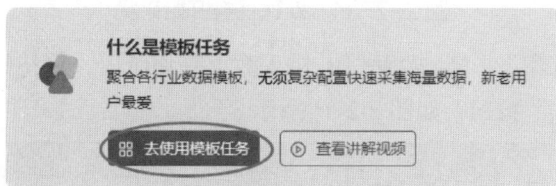

图 2-2-31　新建模板任务（方式二）

（2）如果八爪鱼采集器是免费版，则在模板中选择"免费使用"的模板，单击模板标题，如图 2-2-32 所示。

图 2-2-32　免费使用的模板

（3）切换到"模板详情"选项卡，通过"使用方法"了解如何使用该模板采集数据，如图 2-2-33 所示。

图 2-2-33　模板使用方法

（4）在"参数输入"中输入网址 https://category.dangdang.com/cid4010363.html，根据需求修改"任务名称"和"任务组"，完成参数输入后单击"立即使用"按钮，如图2-2-34所示。

图 2-2-34　新建任务开始采集

（5）选择"本地采集"|"普通模式"，进入数据采集阶段，等待数据采集结束。采集结束后，单击"导出数据"按钮，如图2-2-35所示。

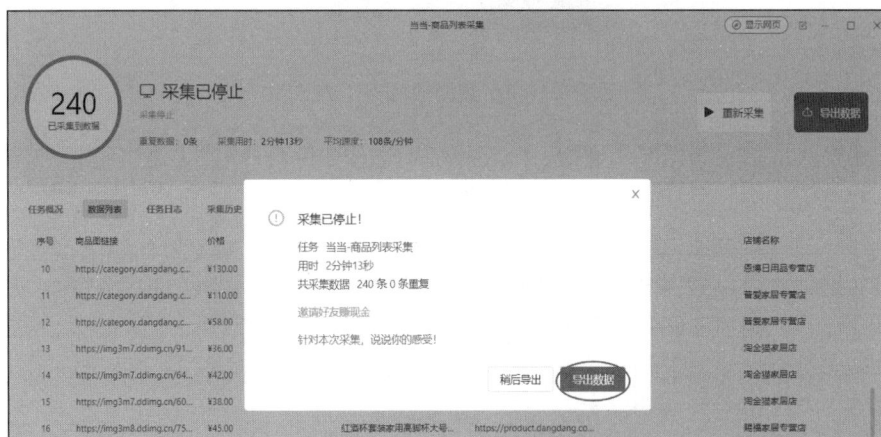

图 2-2-35　导出数据

（6）在弹出的对话框中选择导出为文件或者导出到数据库，单击"确定"按钮，如图2-2-36所示。

图 2-2-36　导出类型选择

（7）在弹出的对话框中选择导出路径并命名文件，单击"保存"按钮，如图 2-2-37 所示。

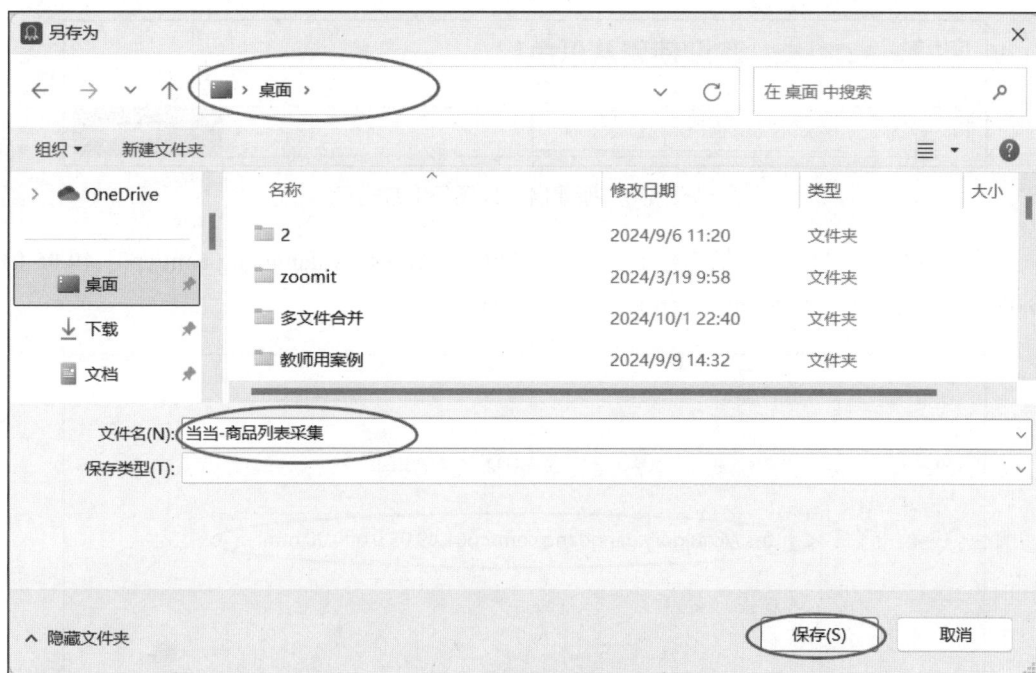

图 2-2-37　导出文件

2. 使用自定义任务完成多页列表数据采集

（1）新建自定义任务。

方式一：在左侧边栏单击"新建"按钮，选择"自定义任务"，如图 2-2-38 所示。

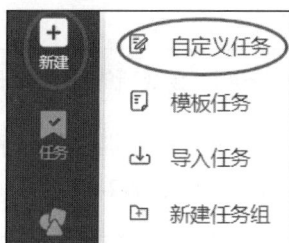

图 2-2-38　新建自定义任务（方式一）

方式二：在八爪鱼采集器主界面单击"新建自定义任务"按钮，如图 2-2-39 所示。

图 2-2-39　新建自定义任务（方式二）

方式三：在输入框输入待采集的网址，单击右侧"开始采集"按钮，如图2-2-40所示。

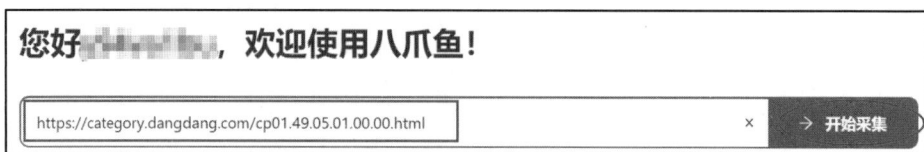

图2-2-40　新建自定义任务（方式三）

（2）新建自定义任务，在"网址"处输入"https://category.dangdang.com/cp01.49.05.01.00.00.html"，单击"保存设置"按钮，如图2-2-41所示。

图2-2-41　创建新的自定义任务

（3）选中第一个商品的图片链接，在"操作提示"对话框中选择"选中全部相似元素"，即可选中当前页面列表的所有图片链接，如图2-2-42所示。

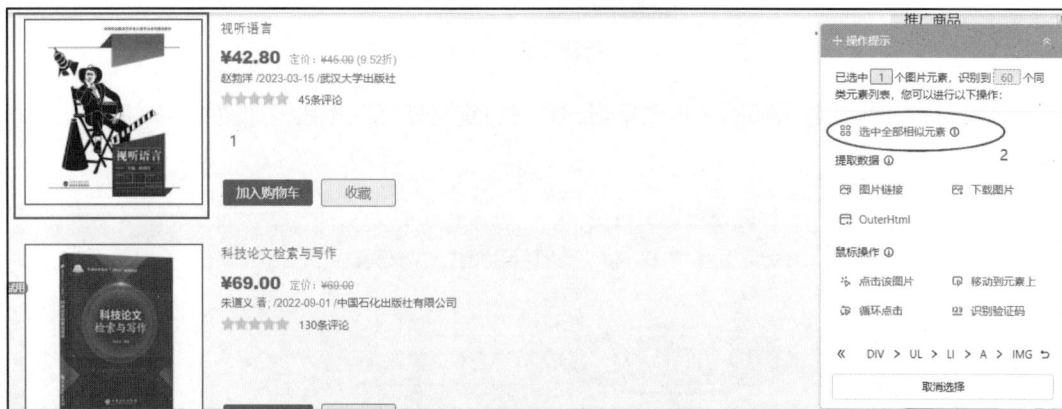

图2-2-42　选中待采集元素

（4）在新的"操作提示"对话框中选择"循环点击每个图片"，在采集过程中即可依次单击链接打开每个商品详情页，如图 2-2-43 所示。

图 2-2-43　选择"循环点击每个图片"

（5）"操作提示"对话框中询问商品列表页是否需要翻页（即是否要继续打开商品查询列表第二页、第三页等），单击"需要"按钮，如图 2-2-44 所示。

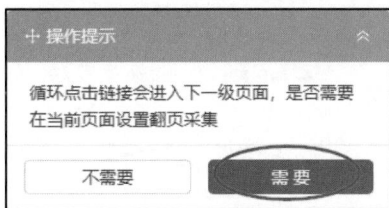

图 2-2-44　需要采集多页列表数据

（6）根据操作提示选择相应的翻页方式，本网址使用按钮进行翻页，所以选择"翻页按钮"，如图 2-2-45 所示。

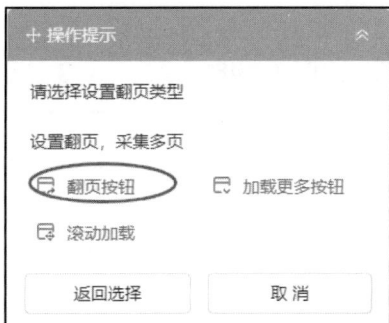

图 2-2-45　选择翻页方式

（7）在网页中找到"下一页"按钮并单击（注意：翻页按钮要选择代表"下一页"的按钮，不能选择"2"这种代表固定某一页的按钮），"操作提示"对话框中会自动生成翻页按钮设置，其中"按钮 Ajax 加载时间"可自行选择，单击"确定"按钮，如图 2-2-46 所示。

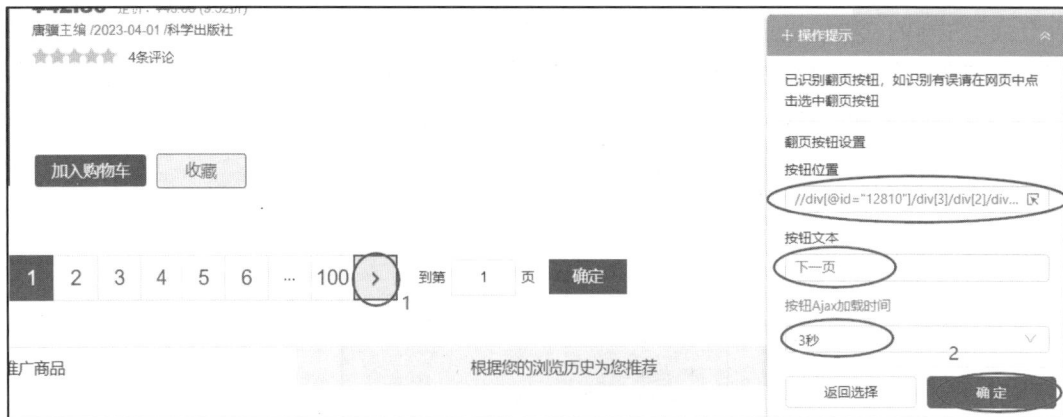

图 2-2-46　选中翻页按钮

（8）在右侧流程图中单击"点击元素"按钮，跳转到商品详情页，如图 2-2-47 所示。

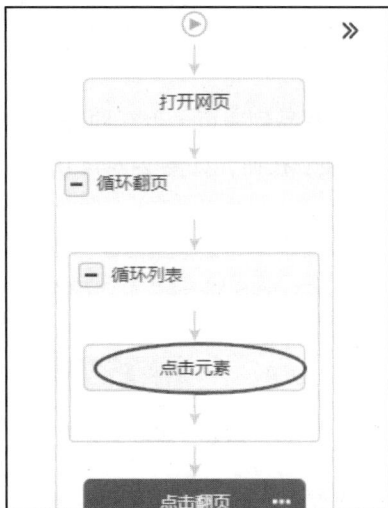

图 2-2-47　单击"点击元素"按钮

（9）在商品详情页选择需要采集的数据，选择所有要采集的数据后，单击"操作提示"对话框中的"元素中数据内容"，如图 2-2-48 所示。

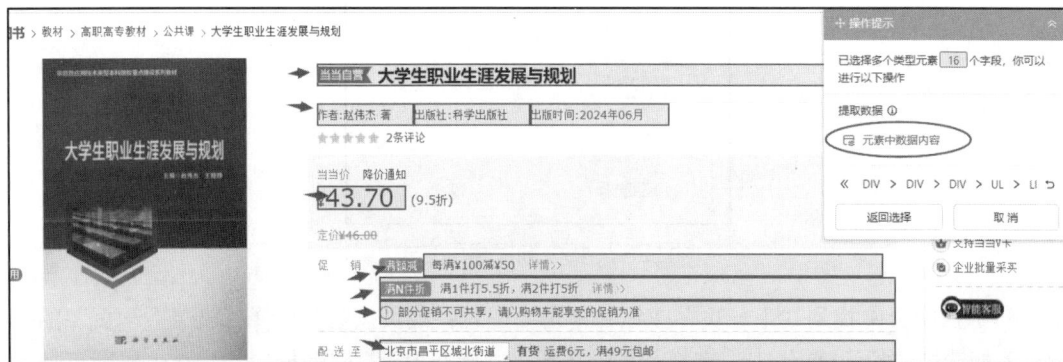

图 2-2-48　选择详情页数据

（10）图 2-2-49 所示的数据预览结果即为需要采集的详情页数据，双击具体字段名称可以修改字段名称，修改字段名称后的详情页数据如图 2-2-50 所示。

图 2-2-49　需要采集的详情页数据

图 2-2-50　修改字段名称后的详情页数据

（11）每一步操作都会体现在右侧流程图中，流程图呈现的是采集的过程。检查流程图是否有问题，如果有问题可修改流程图，无误即可单击"采集"按钮开始采集数据，如图 2-2-51 所示。

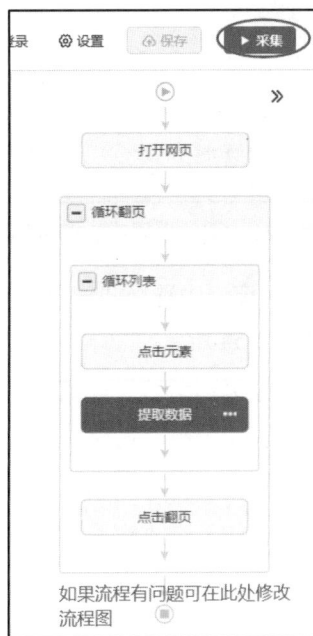

图 2-2-51　单击"采集"按钮

（12）单击"采集"按钮后弹出"请选择采集模式"窗口，单击"本地采集"下的"普通模式"按钮，如图 2-2-52 所示。

（13）在采集结果中可看到数据是按商品查询列表顺序进入详情页采集的详情数据，单击"导出数据"按钮，采集成功的数据如图 2-2-53 所示。

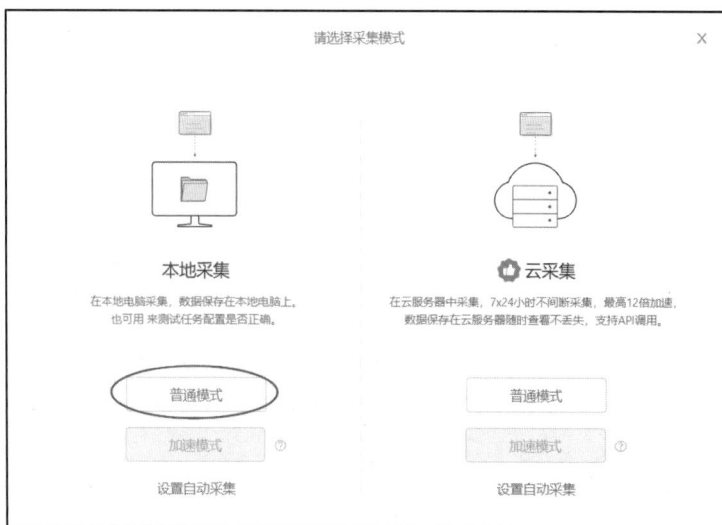

图 2-2-52　选择采集方式

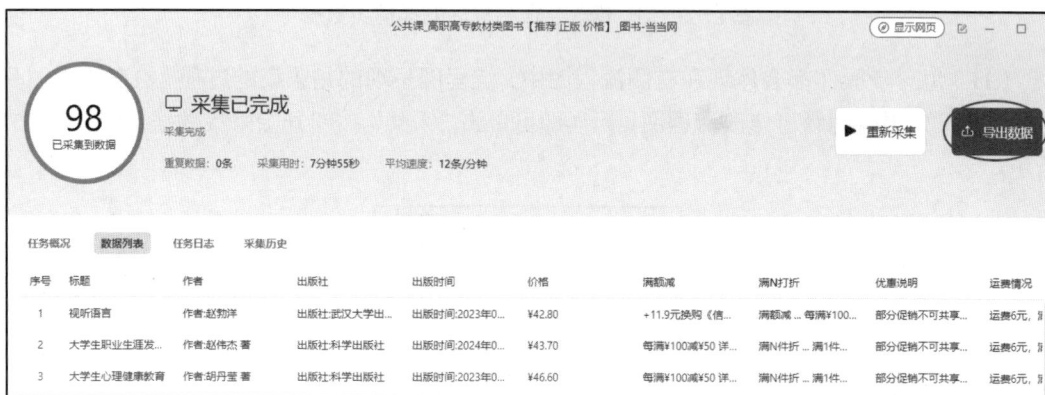

图 2-2-53　采集成功的数据

（14）在弹出的"导出本地数据"窗口中选择"导出文件类型"，单击"确定"按钮，即可把数据下载到本地计算机，如图 2-2-54 所示。

图 2-2-54　导出本地数据

温馨提示：如果采集过程中提示需要登录，则可单击"预登陆"按钮，如图 2-2-55 所示。输入用户名和密码后（或者选择其他登录方式），单击"完成登录"按钮即可完成登录，如图 2-2-56 所示。

图 2-2-55　单击"预登录"按钮

图 2-2-56　使用八爪鱼完成当当网登录

2.3 练习

1. 选择题

（1）在电子表格中输入身份证号码时，宜采用的数据格式是（　　　）。

    A. 货币　　　　　　　B. 数值　　　　　　　C. 文本　　　　　　　D. 科学记数

（2）以下关于抽样调查的叙述中，正确的是（　　　）。

    A. 抽样调查应随机抽取样本进行调查并对总体做出统计估计和推断

    B. 抽样调查的样本数量和调查的时间段应随机确定，排除主观因素

    C. 抽样调查应依靠各级机构和专家全面选择各类典型代表进行调查

    D. 抽样调查的结论等于将样本调查的结果按样本比例放大后的结果

（3）抽样调查是收集数据的重要方法之一，抽样调查所遵循的原则不包括（　　　）。

    A. 随机选择，避免主观　　　　　　　　B. 数量上可以估算总体指标

    C. 减少统计误差　　　　　　　　　　　D. 追求准确性重于成本和效率

（4）以下关于数据收集的叙述中，不正确的是（　　　）。

    A. 数据收集的工作量与费用占信息处理相当大的比重

    B. 收集数据时需要获得描述客观事物的全部信息

    C. 输出数据的质量取决于收集数据的质量

    D. 收集数据后还需要进行校验以保证其正确性

（5）问卷调查中，问卷的设计是关键，其设计原则不包括（　　）。

    A. 所选问句必须紧扣主题，先易后难

    B. 要尽量提供问题选项

    C. 问卷中应尽量使用专业术语，让他人无可挑剔

    D. 要便于检验、整理和统计

（6）以下除（　　）外，常选定为数据收集的途径。

    A. 根据计划到选定地区或机构做问卷调查

    B. 从有关企业的数据库中检索相关的数据

    C. 从网络论坛上搜索大家发布的相关数据

    D. 各级政府和行业机构发布的年度统计表

（7）收集数据时，设计调查的问题很重要。此时，需要注意的原则不包括（　　）。

    A. 要保护被调查者的个人隐私　　　　　　B. 应全部采用选择题

    C. 不要有倾向性提示或暗示　　　　　　　D. 语言要通俗易懂，不含糊

（8）二手数据是指（　　）。

    A. 他人使用过的、陈旧的数据　　　　　　B. 过期淘汰的、已失效的数据

    C. 由他人收集、整理、加工后的数据　　　D. 由他人传过来的数据

（9）数据收集的基本原则不包括（　　）。

    A. 符合时间要求　　　　　　　　　　　　B. 符合统计结果

    C. 按计划进行　　　　　　　　　　　　　D. 数据真实

（10）一般来说，处理信息的过程中，最费时间和成本的阶段是（　　）。

    A. 数据收集　　　　B. 数据整理　　　　C. 数据加工　　　　D. 数据表达

（11）常用的数据收集方法一般不包括（　　）。

    A. 设备自动采集　　　　　　　　　　　　B. 数学模型计算

    C. 问卷调查　　　　　　　　　　　　　　D. 查阅文献

（12）收集数据后需要进行检验，检验的内容不应包括（　　）。

    A. 数据是否属于规划的收集范围　　　　　B. 数据是否有错

    C. 数据是否有利于设定的统计结果　　　　D. 数据是否可靠

（13）抽样调查的目标是（　　）。

    A. 控制调查结果　　　　　　　　　　　　B. 修正普查得到的结果

    C. 缩小调查范围　　　　　　　　　　　　D. 用样本统计量推算总体参数

（14）社会化调查问卷中，对问题进行设计的要求一般不包括（　　）。

    A. 以选择答案的问题为主　　　　　　　　B. 问题要明确，不含糊

    C. 用专业术语代替俗称　　　　　　　　　D. 不要诱导性地提问

（15）数据源有多种，从传感器、智能仪表自动发送过来的数据属于（　　）。

    A. 业务办理数据　　　　　　　　　　　　B. 调查统计数据

  C. 物理收集数据   D. 互联网交互数据

（16）在数据采集过程中，以下（   ）因素可能影响数据质量。

  A. 采集设备的精度   B. 采集时间的选择

  C. 采集人员的专业性   D. 采集环境的稳定性

2. 操作题

（1）使用问卷星创建"食堂满意度调查问卷"并发布。

（2）在线收集全班同学的姓名、学号、性别、年龄、籍贯、身高、体重、爱好、本人月生活费、上学期考试科目平均分。

（3）使用八爪鱼采集器采集携程网中你家乡景点的评价，再把所有景点评价合并到一个Excel表格。

数据的处理

● 知识目标

1. 了解数据不一致、数据错误、数据缺失、数据重复给数据分析工作带来的危害。
2. 理解用移动平均法修整数据的思路。
3. 熟练掌握 Excel 内置函数 Vlookup、Index、Match、If、Isodd、Int、Round、Left、Right、Mid、Year、Month、Day、Weekday、Today、Date 的功能和参数要求。

● 技能目标

1. 灵活通过"查找和替换"对话框以及函数对数据进行一致性处理。
2. 熟练运用字段分列对字段进行拆分、变形。
3. 灵活运用 Excel 公式与函数对数据进行抽取、匹配、转换、计算、修整。
4. 熟练运用数据分析工具"移动平均"进行数据修整。

● 素质目标

1. 认识数据处理的重要性，培养重视基础工作的职业素养。
2. 灵活掌握数据处理的各种方法和技巧，培养创新意识。
3. 熟练掌握 Excel 各种内置函数的功能和应用，践行强国先强己的责任担当。

数据处理的基本目的是将大量的、杂乱无章的、难以理解的数据加工整理成便于进行分析的数据。数据处理主要包括数据清洗、数据加工和数据修整。

3.1 数据清洗

数据清洗就是对格式错误的数据进行纠正，将错误的数据纠正或删除，将缺失的数据补充完整，将重复的数据删除。

3.1.1 数据一致性处理

通过统计调查收集的数据经常会出现同一字段的数据格式不一致甚至是格式错误的问题，如图 3-1-1 所示，"出生日期"字段的部分数据用了"."隔开年月日，"身高"字段的部分数据是以 m 为单位填写的，这些会直接影响后续的数据分析，所以必须对数据的格式进行一致性处理。

图 3-1-1　数据格式不一致的资料

下面就以图 3-1-1 的数据为例，将"出生日期"字段中的"."批量换成"/"，将"身高"字段中以 m 为单位的数据批量改成以 cm 为单位。

1. 清洗出生日期

打开"数据处理.xlsx"文件，找到"数据清洗"工作表。

（1）把鼠标指针移到字母 C 上，当鼠标指针变成 ↓ 时，单击选择 C 列，如图 3-1-2 所示。

（2）选择"开始"|"查找和选择"|"替换"命令，如图 3-1-3 所示。

图 3-1-2　选择 C 列

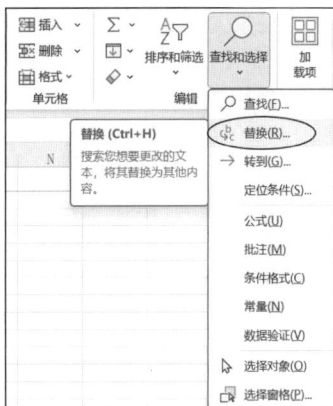

图 3-1-3　选择"替换"命令

（3）在"查找和替换"对话框的"查找内容"中输入"."，在"替换为"中输入"/"，单击"全部替换"按钮完成替换，如图3-1-4所示。

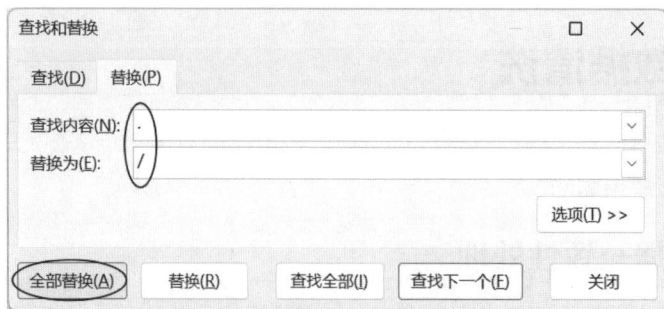

图3-1-4　输入查找内容和替换内容

2. 清洗身高

图3-1-1的"身高"字段中出现了诸如1.87、2.08之类的数值，应该是误填成了以m为单位的数据。如果用替换法将这些点删除也不合理，因为里面也有172.5、175.5之类的以cm为单位的数据，正确的方法是将这部分数据都乘以100。可以构造一个是否乘以100的条件（比如小于10），条件成立就乘以100，不成立就保留原数据，这个可以用If函数来实现。

◇　If函数的格式为if(logical_test,[value_if_true],[value_if_false])，作用是判断第1个参数是否满足，满足就返回第2个参数，不满足则返回第3个参数。

以下是具体的操作步骤。

（1）在E列后面插入一列，用于放处理后的身高。选择E1单元格，将E1单元格的填充柄拖到F1单元格，完成标题的复制。

（2）选择F2单元格，单击编辑栏的"插入函数"按钮，打开"插入函数"对话框，并选择"IF"函数，如图3-1-5所示。

图3-1-5　插入If函数

（3）在"函数参数"对话框中，第1个输入框输入"E2<10"，第2个输入框输入"E2*100"，第3个输入框输入"E2"，如图3-1-6所示。

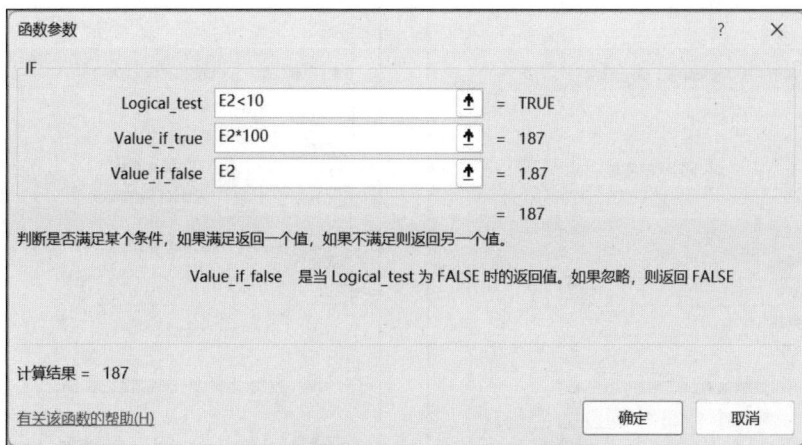

图 3-1-6　设置 If 函数的参数

（4）单击"确定"按钮，F2 单元格出现第一个经过处理的身高数据。双击 F2 单元格的填充柄，完成公式的向下自动填充。

（5）选择原来的身高列（E 列），将其删除，新的身高列出现错误信息"#REF!"，表示"无效的单元格引用"，如图 3-1-7 所示。这是因为公式中引用了 E 列数据，而现在 E 列数据被删除了。

（6）撤销刚才的删除操作，恢复原来的身高列。选择新的身高列（F 列），单击"开始"选项卡中的"复制"按钮，再单击"粘贴"按钮下的箭头，选择"值"命令，如图 3-1-8 所示。这时，新的身高数据不再含有公式，可以放心地删除原来的身高列。

图 3-1-7　无效单元格引用"#REF!"

图 3-1-8　粘贴数值

为了减少数据一致性处理的工作量，用户用 Excel 收集数据时，可以提前利用"数据"选项卡中的"数据验证"功能来规范用户的输入。例如设置表格的 C 列（出生日期）只能输入介于 1960/1/1 到 2020/1/1 之间的日期型数据，如图 3-1-9 所示。设置 D 列（性别）只能输入"男"或"女"，如图 3-1-10 所示。设置 E 列（以 cm 为单位的身高）只能输入 90～300 的数。

图 3-1-9　限制输入日期型的数据　　　图 3-1-10　限制输入给定的选项

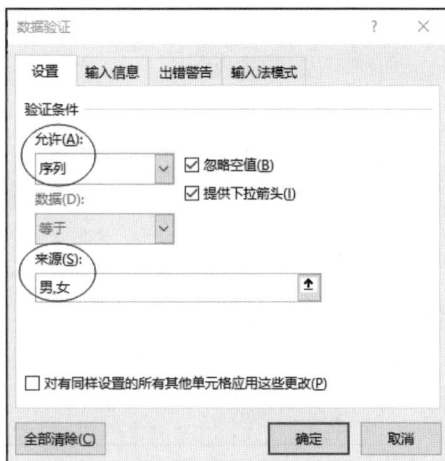

3.1.2　缺失数据处理

数据清单中，单元格如果出现空值，就认为数据存在缺失。缺失数据的处理方法通常有以下 3 种：

➢ 用样本均值（或众数、中位数）代替缺失数据；

➢ 将有缺失数据的记录删除；

➢ 保留该记录，在要用到该数据做分析时，将其临时删除。

仅靠眼睛来搜索缺失数据显然是不现实的，一般我们用"定位条件"来查找缺失数据的单元格。下面演示如何将"月生活费"字段中的空值用众数替换。

（1）在某个单元格中用公式"=MODE(G:G)"计算出 G 列的众数，结果是 1500。

（2）选择"月生活费"所在的 G 列，选择"开始"|"查找和选择"|"定位条件"命令（见图 3-1-11），打开"定位条件"对话框。

（3）在"定位条件"对话框中，选择"空值"单选项，如图 3-1-12 所示。

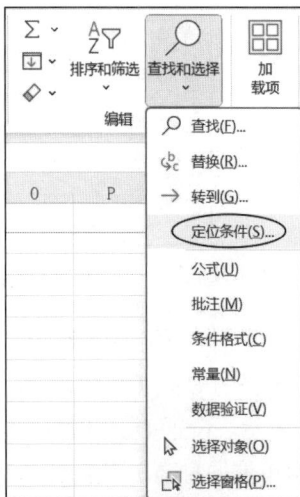

图 3-1-11　选择"定位条件"命令　　　图 3-1-12　选择定位条件"空值"

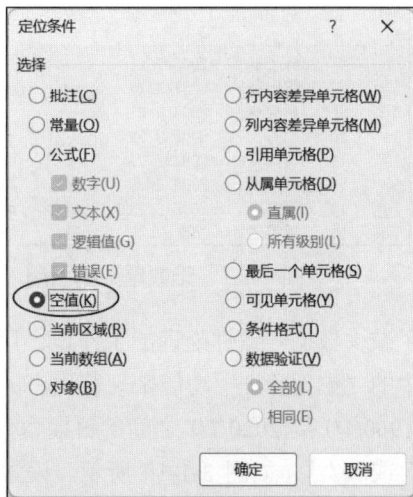

（4）单击"确定"按钮后，G列所有的空白单元格呈选中状态，如图3-1-13所示。

（5）输入众数"1500"后按Ctrl+Enter组合键确认，所有空白单元格都输入"1500"。

▲	A	B	C	D	E	F	G
1	序号	姓名	出生日期	性别	身高/cm	体重/kg	月生活费/元
2	1	柴鹏程	2003/5/31	男	187	70	1000
3	2	陈昊	2004/6/29	男	178	86	1500
4	3	陈虎	2005/12/14	男	208	83	1800
5	4	陈健广	2006/1/2	男	173	72	2000
6	5	陈旭明	2006/8/4	男	172.5	67	
7	6	陈志伟	2005/12/19	男	175	62	2000
8	7	陈子健	2005/9/21	男	180	75	2000
9	8	郭雨鑫	2007/4/12	女	164	53	
10	9	杭鑫业	2004/4/21	男	175.5	65	2500
11	10	胡涛	2005/9/22	男	165	58	2500
12	11	黄洁	2007/2/23	女	159	52	1500
13	12	黄梦云	2005/5/29	女	164	56	
14	13	简鑫	2006/3/23	男	174	62	1200
15	14	蒋英杰	2005/6/3	男	175	75	1500
16	15	柯有亮	2006/4/19	男	172	72	1800
17	16	李兰婷	2006/12/4	女	170	50	
18	17	李小明	2005/11/8	女	160.5	48	1000
19	18	李炎煜	2004/5/4	女	165	60	1800

图3-1-13　查找到所有空白单元格

3.1.3　重复数据处理

重复数据是指每个字段都完全相同的记录。如果一条记录重复出现，会影响分析的结果，因此在分析数据之前必须将重复记录删除，操作如下。

（1）单击数据清单中的任意单元格，再单击"数据"|"删除重复值"按钮，如图3-1-14所示。

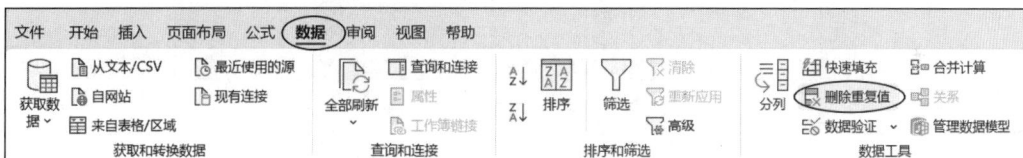

图3-1-14　单击"删除重复值"按钮

（2）在"删除重复值"对话框中，确认所有字段都被选中后，单击"确认"按钮，如图3-1-15所示。

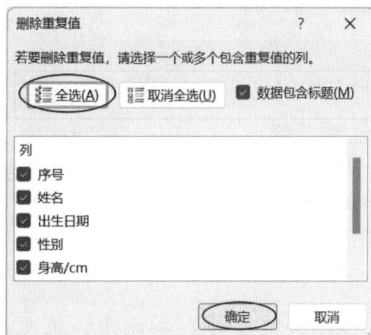

图3-1-15　确认查找的字段

3.2 数据加工

经过清洗后的数据并不一定是我们想要的数据，因此可能还要对数据进行信息提取、计算、分组、转换等加工，让它变成我们想要的数据。数据加工的手段主要有字段分列、字段抽取、字段匹配、数据转换、数据计算。

3.2.1 字段分列

所谓字段分列，就是将一个字段分成多个字段。

例1：将图3-2-1所示的C列（身份证号码）分成D、E、F列（出生年、出生月、出生日）。

	A	B	C	D	E	F
1	序号	姓名	身份证号码	出生年	出生月	出生日
2	1	艾城	310102199701306123	1997	1	30
3	2	白有成	130104199602082817	1996	2	8
4	3	毕程青	351123199709166436	1997	9	16
5	4	蔡志涛	331512199709182585	1997	9	18
6	5	曹峰	211112199605113116	1996	5	11
7	6	曹志丽	321202199608065380	1996	8	6
8	7	柴鹏程	451848199612102091	1996	12	10
9	8	陈成晟	361263199703157548	1997	3	15
10	9	陈楚宇	360102199708063997	1997	8	6
11	10	陈芳颖	511234199701230689	1997	1	23
12	11	陈昊	522514199612171841	1996	12	17
13	12	陈虎	441215199710234120	1997	10	23
14	13	陈慧琴	321315199702131543	1997	2	13
15	14	陈健广	440104199612127579	1996	12	12
16	15	陈俊美	310106199601060048	1996	1	6
17	16	陈岚玲	422114199609124953	1996	9	12
18	17	陈晴云	331516199607272087	1996	7	27
19	18	陈世凯	341848199703092553	1997	3	9
20	19	陈添源	351263199605299316	1996	5	29

图3-2-1 字段分列效果

操作步骤如下。

（1）打开"数据处理.xlsx"文件，找到"个人信息"工作表，选择C列数据，单击"数据"|"分列"按钮，如图3-2-2所示。

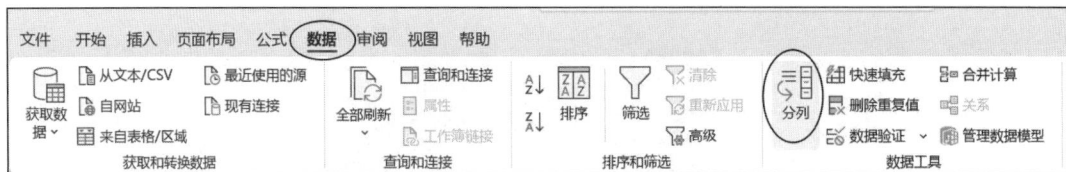

图3-2-2 单击"数据"|"分列"按钮

（2）在"文本分列向导-第1步，共3步"界面中，选择"固定宽度"单选项，单击"下一步"按钮，如图3-2-3所示。

（3）在"文本分列向导-第2步，共3步"界面中，依次在身份证号码的第6位、第10位、第12位、第14位数后面单击，建立分列线，单击"下一步"按钮，如图3-2-4所示。

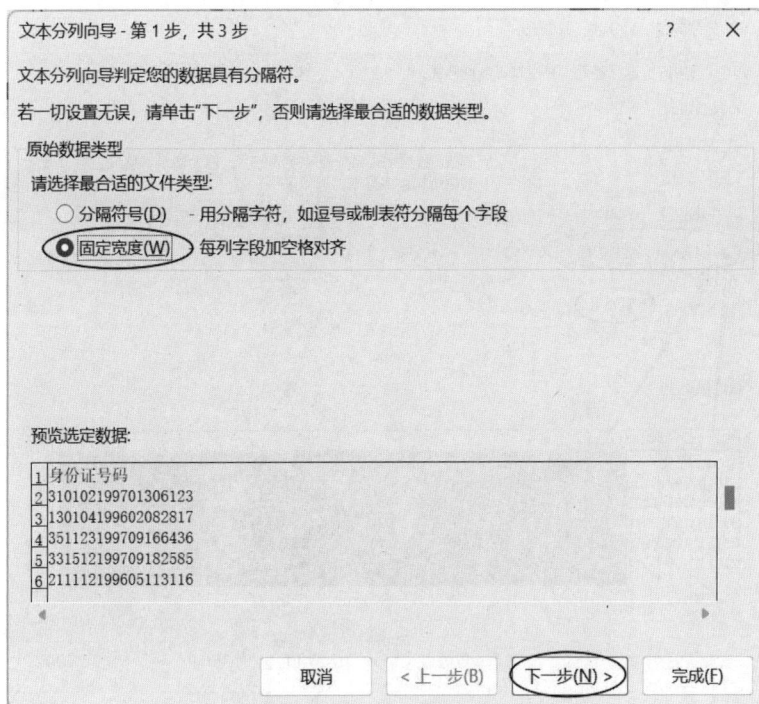

图 3-2-3 选择"固定宽度"单选项

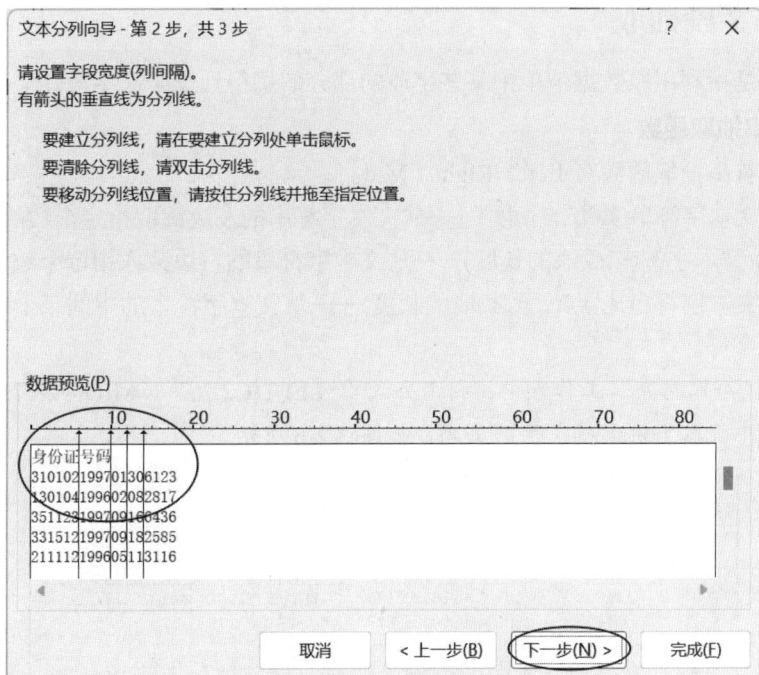

图 3-2-4 确定分列位置

（4）在"文本分列向导-第3步，共3步"界面中，先确定数据放置的起始位置（目标区域：$D$1），然后在"数据预览"区域选择每一列数据，分别确定所选列的数据格式和是否导入，这里选择第一列和最后一列不导入，如图3-2-5所示，单击"完成"按钮。

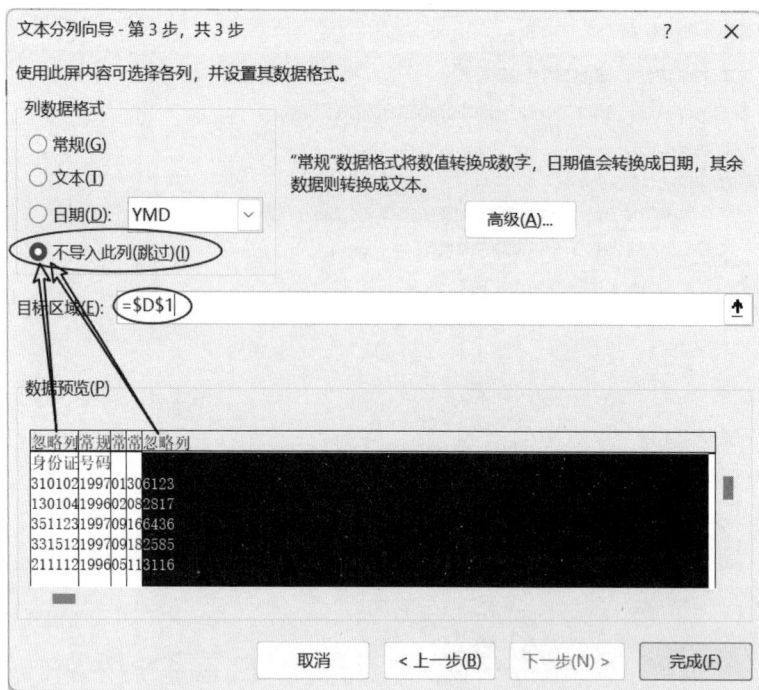

图 3-2-5　确定目标区域及各列的数据格式

3.2.2　字段抽取

字段抽取是指利用原数据清单中某些字段的部分信息得到一个新字段。

1. 字符串抽取函数

常用的字符串抽取函数有 Left、Right、Mid。

◇　Left(文本字符串,截取的长度)——从文本字符串的左边截取指定个数的字符。

◇　Right(文本字符串,截取的长度)——从文本字符串的右边截取指定个数的字符。

◇　Mid(文本字符串,起点位置,截取的长度)——从文本字符串的中间某个位置开始，截取指定个数的字符。

例 2：在"个人信息"工作表中，利用公式"=LEFT(C2,2)""=MID(C2,17,1)"从"身份证号码"字段中提取省份编码、性别编码，如图 3-2-6 所示。

图 3-2-6　字符串抽取函数的应用

2. 日期抽取函数

常用的日期抽取函数有 Year、Month、Day、Weekday。

✧ Year(日期)——从日期型数据中提取年份。

✧ Month(日期)——从日期型数据中提取月份（1～12）。

✧ Day(日期)——从日期型数据中提取日（1～31）。

✧ Weekday(日期,2)——返回日期型数据的星期（1～7）。1 表示星期一，2 表示星期二，3 表示星期三，4 表示星期四，5 表示星期五，6 表示星期六，7 表示星期天。

例 3： 在“日期函数”工作表中，利用公式“=YEAR(A2)”“=MONTH(A2)”“=DAY(A2)”“=WEEKDAY(A2,2)”从“成交日期”字段中提取年、月、日、星期，如图 3-2-7 所示。

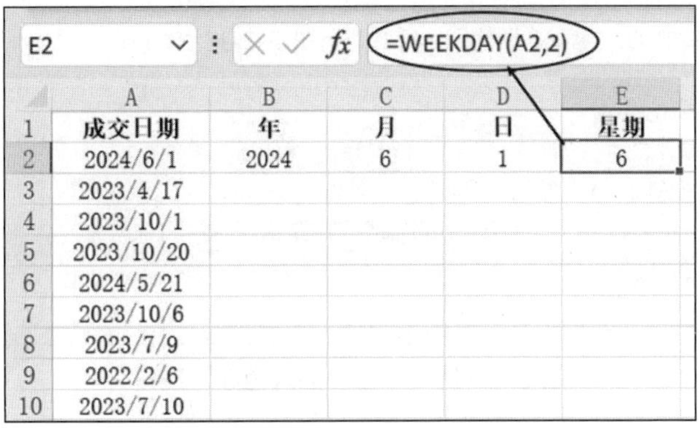

	A	B	C	D	E
1	成交日期	年	月	日	星期
2	2024/6/1	2024	6	1	6
3	2023/4/17				
4	2023/10/1				
5	2023/10/20				
6	2024/5/21				
7	2023/10/6				
8	2023/7/9				
9	2022/2/6				
10	2023/7/10				

图 3-2-7　日期抽取函数的应用

3.2.3　字段匹配

所谓字段匹配，就是将原数据清单中没有，但其他数据清单中有的字段匹配过来。

1. 精确匹配

例 4： 在“个人信息”工作表（见图 3-2-8）中，根据每个人身份证号码中的省份编码，从“省份编码”工作表（见图 3-2-9）中将每个人的省份匹配过来，便于后续按省份对数据进行分组统计。

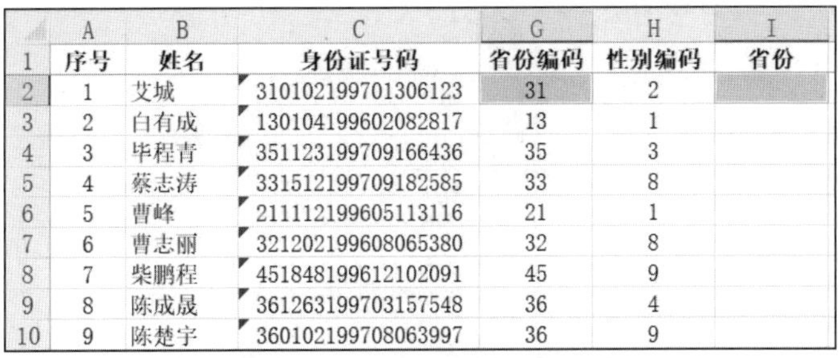

	A	B	C	G	H	I
1	序号	姓名	身份证号码	省份编码	性别编码	省份
2	1	艾城	310102199701306123	31	2	
3	2	白有成	130104199602082817	13	1	
4	3	毕程青	351123199709166436	35	3	
5	4	蔡志涛	331512199709182585	33	8	
6	5	曹峰	211112199605113116	21	1	
7	6	曹志丽	321202199608065380	32	8	
8	7	柴鹏程	451848199612102091	45	9	
9	8	陈成晟	361263199703157548	36	4	
10	9	陈楚宇	360102199708063997	36	9	

图 3-2-8　“个人信息”工作表

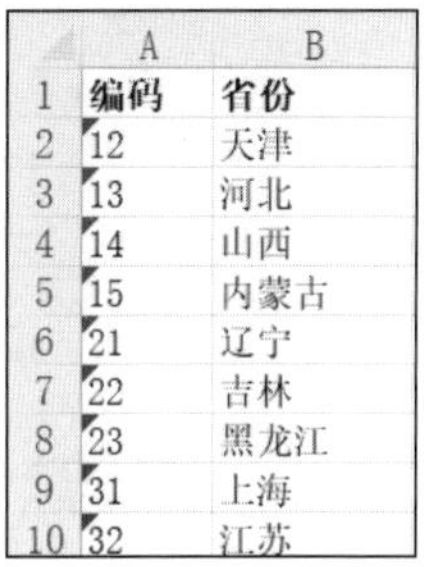

	A	B
1	编码	省份
2	12	天津
3	13	河北
4	14	山西
5	15	内蒙古
6	21	辽宁
7	22	吉林
8	23	黑龙江
9	31	上海
10	32	江苏

图 3-2-9　“省份编码”工作表

操作步骤如下。

（1）在“个人信息”工作表的 I2 单元格中输入“=v”，下拉列表中立即显示所有 V 开头的函数，双击选择 VLOOKUP 函数，如图 3-2-10 所示。

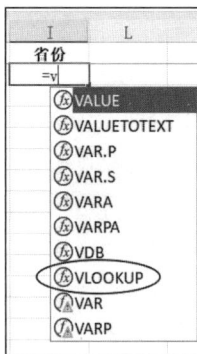

图 3-2-10　选择 VLOOKUP 函数

（2）单击编辑栏中的"插入函数"按钮，如图 3-2-11 所示。

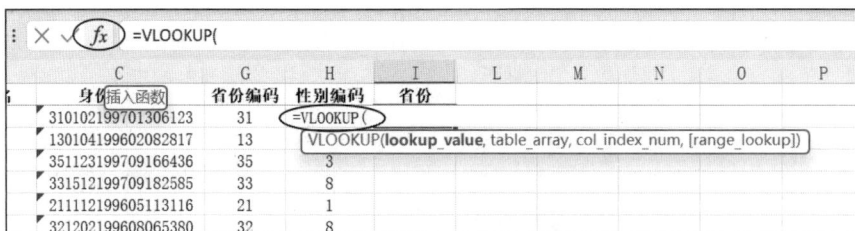

图 3-2-11　单击"插入函数"按钮

（3）在"函数参数"对话框中，单击第 1 个输入框（查找值），设定查找的内容为 G2 单元格（"艾城"的省份编码）。

（4）单击第 2 个输入框（查找区域），设置查找区域是"省份编码"工作表的 A∶B 两列。要提醒大家的是，查找区域的第 1 列必须包含查找值。

（5）单击第 3 个输入框（返回值的列数），此处希望返回查找区域的第 2 列"省份"，所以输入数字"2"。

（6）单击第 4 个输入框（匹配方式），输入"false"表示"精确匹配"。

最终，Vlookup 函数的参数设置如图 3-2-12 所示。

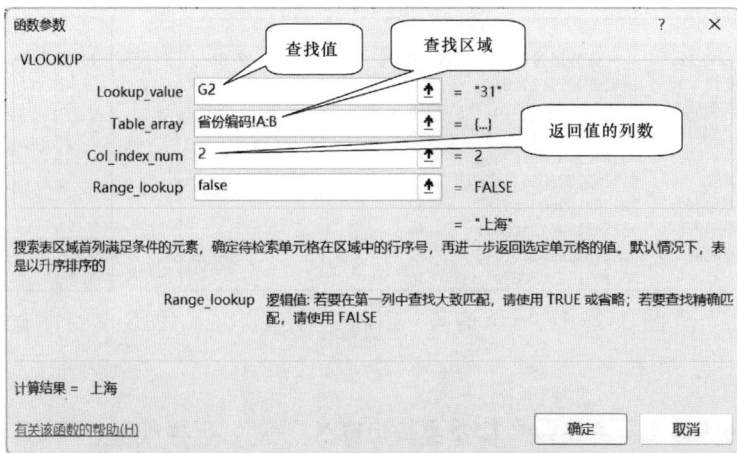

图 3-2-12　Vlookup 函数的参数设置

（7）双击I2单元格的填充柄完成公式的填充，将所有人的省份匹配过来，结果如图3-2-13所示。

I2 =VLOOKUP(G2,省份编码!A:B,2,FALSE)

	A	B	C	D	E	F	G	H	I
1	序号	姓名	身份证号码	出生年	出生月	出生日	省份编码	性别编码	省份
2	1	艾城	310102199701306123	1997	1	30	31	2	上海
3	2	白有成	130104199602082817	1996	2	8	13	1	河北
4	3	毕程青	351123199709166436	1997	9	16	35	3	福建
5	4	蔡志涛	331512199709182585	1997	9	18	33	8	浙江
6	5	曹峰	211112199605113116	1996	5	11	21	1	辽宁
7	6	曹志丽	321202199608065380	1996	8	6	32	8	江苏
8	7	柴鹏程	451848199612102091	1996	12	10	45	9	广西
9	8	陈成晟	361263199703157548	1997	3	15	36	4	江西
10	9	陈楚宇	360102199708063997	1997	8	6	36	9	江西
11	10	陈芳颖	511234199701230689	1997	1	23	51	8	四川
12	11	陈昊	522514199612171841	1996	12	17	52	4	贵州
13	12	陈虎	441215199710234120	1997	10	23	44	2	广东
14	13	陈慧琴	321315199702131543	1997	2	13	32	4	江苏
15	14	陈健广	440104199612127579	1996	12	12	44	7	广东
16	15	陈俊美	310106199601060048	1996	1	6	31	4	上海
17	16	陈岚玲	422114199609124953	1996	9	12	42	5	湖北
18	17	陈晴云	331516199607272087	1996	7	27	33	8	浙江
19	18	陈世凯	341848199703092553	1997	3	9	34	5	安徽
20	19	陈添源	351263199605299316	1996	5	29	35	1	福建
21	20	陈旭	360211199602104389	1996	2	10	36	8	江西

图3-2-13 匹配结果

2. 模糊匹配

精确匹配时，如果未找到查找值，结果返回#N/A。模糊匹配就是在未找到查找值时，自动向下匹配一个与查找值最接近的数值。

例5：在“年龄组划分”工作表中，根据每个人的具体年龄和右侧附录的年龄组划分标准，为每个人匹配所属的“年龄组”，如图3-2-14所示。

	A	B	C	D	E	F	G	H
1	编号	姓名	年龄	年龄组		阈值	年龄	年龄组
2	1	陈光	17			0	0~18	未成年人
3	2	陈述	18			18	18~35	青年
4	3	邓必定	52			35	35~50	中年
5	4	董博同	20			50	50~65	中老年
6	5	窦尹	38			65	65~	老年
7	6	付丽	35					
8	7	甘露淋	46					
9	8	甘明	50					
10	9	龚国	51					

图3-2-14 匹配数据

操作步骤如下。

（1）在D2单元格中插入Vlookup函数，并打开“函数参数”对话框。

（2）在“函数参数”对话框中，设置图3-2-15所示的参数。此时第4个参数设置为模糊匹配（比如在F列查找17，在未找到的情况下，不是匹配与17最接近的18，而是向下与0匹配）。模糊匹配一般应用于数值的区间匹配，区间的下限称为阈值。

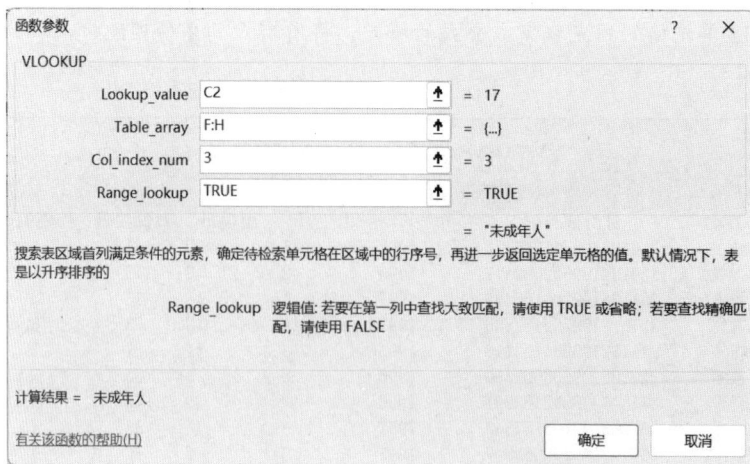

图 3-2-15　Vlookup 函数的参数设置

（3）双击 D2 单元格的填充柄完成公式的填充，确定所有人的年龄组，结果如图 3-2-16 所示。

图 3-2-16　匹配结果

大家会发现，原来 Vlookup 函数可以替代 If 函数的嵌套使用。

但是 Vlookup 函数有一个缺陷，就是查找的值必须出现在查找区域的第 1 列。当我们现有的数据不满足这个条件时，难道我们还要去调整现有数据的列位置吗？这显然不太合适！下面补充介绍如何嵌套使用 Index 与 Match 函数实现数据的查找。

3. Index+Match 匹配

✧　Index(数据区域,行,[列])的功能是根据给定的行和列返回数据区域中对应的值。如果 Index 函数的第 1 个参数只有一列，第 3 个参数就可以省略。

✧　Match(查找的值,查找区域,[匹配方式])的功能是返回"查找的值"在"查找区域"中出现的位置序号。在这里，查找区域必须是一维数组，如果是单元格区域，就只能是一列或一行。匹配方式有两种，0 表示精确匹配，1 表示模糊匹配。

下面来看几个简单的例子。

（1）Index(A5:F100,3,6)返回 A5:F100 中第 3 行第 6 列单元格的值。

（2）Index(A1:A100,5)返回 A1:A100 中第 5 个单元格的值。

（3）Index(A5:F100,3)会报错。

（4）Match(C2，F:F,0)表示查找 C2 单元格的值在 F 列中出现的位置。

通常，Match 函数单独使用没有什么意义，一般都是配合 Index 函数使用，给 Index 函数提供定位。

例 6：使用 Index+Match 函数，根据“省份编码”工作表中的 E:F 列资料，完成每个人的省份匹配。

首先，要计算 G2 出现在“省份编码”工作表（见图 3-2-17）F 列的第几行，可以用公式“=MATCH(G2,省份编码!F:F,0)”来实现。为了方便查看结果，我们在“个人信息”工作表的 K2 单元格中使用该公式，结果是 8，如图 3-2-18 所示。

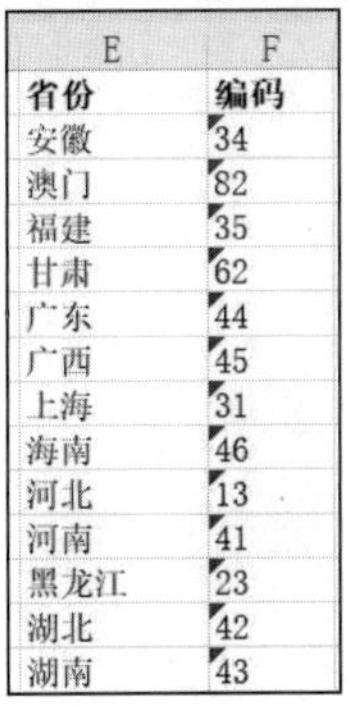

	E	F
	省份	编码
	安徽	34
	澳门	82
	福建	35
	甘肃	62
	广东	44
	广西	45
	上海	31
	海南	46
	河北	13
	河南	41
	黑龙江	23
	湖北	42
	湖南	43

图 3-2-17 “省份编码”工作表

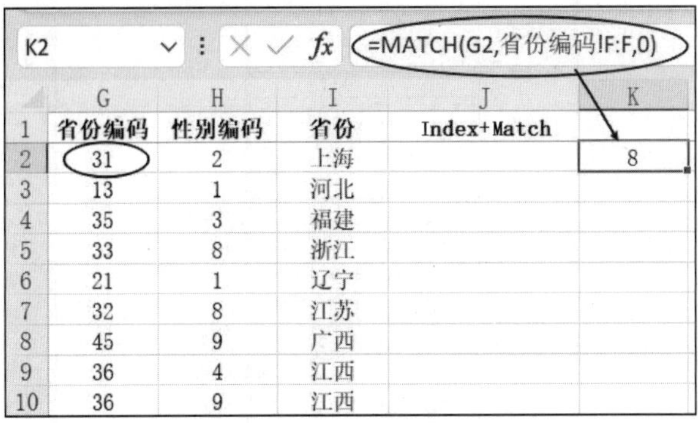

	G	H	I	J	K
1	省份编码	性别编码	省份	Index+Match	
2	31	2	上海		8
3	13	1	河北		
4	35	3	福建		
5	33	8	浙江		
6	21	1	辽宁		
7	32	8	江苏		
8	45	9	广西		
9	36	4	江西		
10	36	9	江西		

图 3-2-18 “个人信息”工作表

然后，在 J2 单元格使用公式“=INDEX(省份编码!E:F,K2,1)”，返回“省份编码”工作表 E:F 列第 8 行第 1 列的值，结果是“上海”，如图 3-2-19 所示。

最后，把 K2 单元格的公式代入 J2 单元格即可，即 J2 单元格最终的公式为“=INDEX(省份编码!E:F,MATCH(G2,省份编码!F:F,0),1)”，如图 3-2-20 所示。

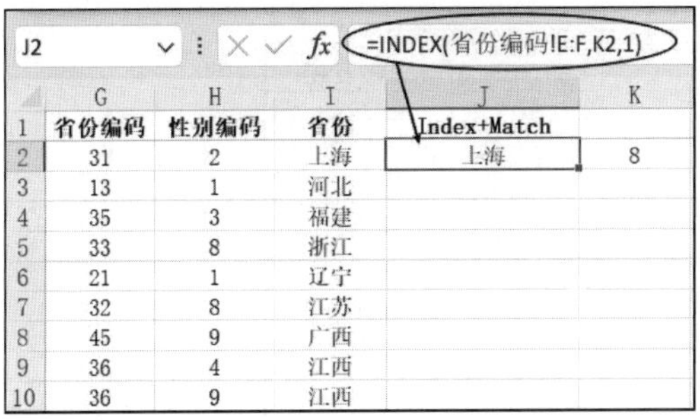

	G	H	I	J	K
1	省份编码	性别编码	省份	Index+Match	
2	31	2	上海	上海	8
3	13	1	河北		
4	35	3	福建		
5	33	8	浙江		
6	21	1	辽宁		
7	32	8	江苏		
8	45	9	广西		
9	36	4	江西		
10	36	9	江西		

图 3-2-19 在 Index 函数中直接引用 K2

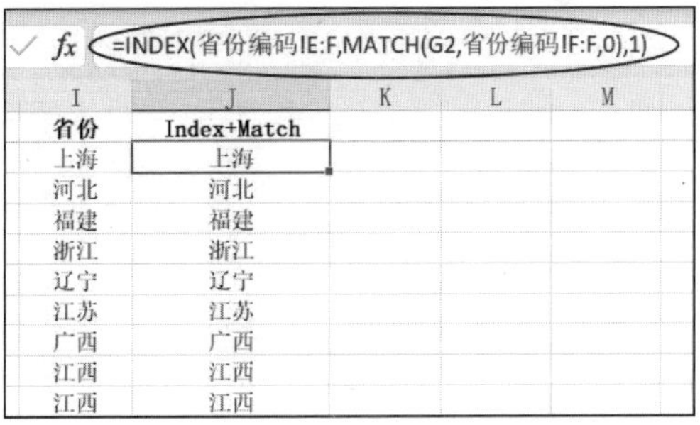

I	J	K	L	M
省份	Index+Match			
上海	上海			
河北	河北			
福建	福建			
浙江	浙江			
辽宁	辽宁			
江苏	江苏			
广西	广西			
江西	江西			
江西	江西			

图 3-2-20 Index 与 Match 函数嵌套使用

Index、Match 函数嵌套使用虽然加大了难度，但是却有效解决了 Vlookup 函数只能向右、不能向左匹配数据的问题。

3.2.4 数据转换

1. 数据转置

有时候，我们拿到的数据是横行显示的，可是为了分析的需要却要纵列显示，此时可以用数据的“转置”功能转行为列。例如将图 3-2-21 所示的数据转换成图 3-2-22 所示的效果。

	A	B	C	D	E	F	G	H	I	J	K	L	M	N	O	P	Q	R	S	T	U
1	年份		2019				2020				2021				2022				2023		
2	季节	1	2	3	4	1	2	3	4	1	2	3	4	1	2	3	4	1	2	3	4
3	销售量/万台	19	40	52	27	20	43	58	28	21	42	60	29	22	45	62	28	23	48	65	30

图 3-2-21　横行数据

操作的方法是先复制 A1:U3 单元格区域，然后在粘贴时单击"开始"|"剪贴板"组"粘贴"按钮下面的箭头，选择"转置"命令即可，如图 3-2-23 所示。

图 3-2-22　纵列数据

图 3-2-23　转置性粘贴

2. 多列转一列

有时候，我们拿到的数据是多列显示的，而为了便于数据的分析，需要将其转成一列显示。如图 3-2-24 所示，我们需要将 B、C、D 这 3 列数据转换成 G 列这一列数据。

图 3-2-24　转换前后的效果对比

操作步骤如下。

（1）在 2021 年数据最下方的 B15 单元格中输入公式“=C3”，然后将 B15 单元格的填充柄向右拖到 C15 单元格，再将 B5:C15 单元格区域的填充柄向下拖，直至 B 列出现 0 为止，如图 3-2-25 所示。B 列数据就是合并后的数据。

（2）选择并复制 B3:B38 单元格区域，将其粘贴到 G3 单元格。这时会发现除了 2021 年的数据复制过来了，2022 和 2023 年的数据都是 0，这是因为此时粘贴的是“公式”。补救的做法是单击粘贴后出现的智能标志，选择“值”命令（见图 3-2-26）。

（3）删除原数据下方的过程数据。

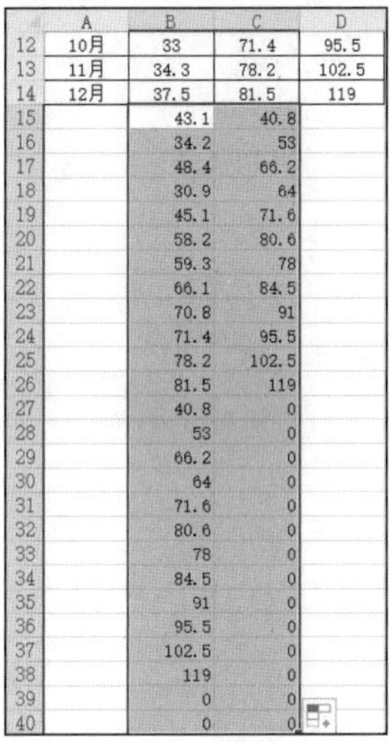

	A	B	C	D
12	10月	33	71.4	95.5
13	11月	34.3	78.2	102.5
14	12月	37.5	81.5	119
15		43.1	40.8	
16		34.2	53	
17		48.4	66.2	
18		30.9	64	
19		45.1	71.6	
20		58.2	80.6	
21		59.3	78	
22		66.1	84.5	
23		70.8	91	
24		71.4	95.5	
25		78.2	102.5	
26		81.5	119	
27		40.8	0	
28		53	0	
29		66.2	0	
30		64	0	
31		71.6	0	
32		80.6	0	
33		78	0	
34		84.5	0	
35		91	0	
36		95.5	0	
37		102.5	0	
38		119	0	
39		0	0	
40		0	0	

图 3-2-25　数据迁移效果

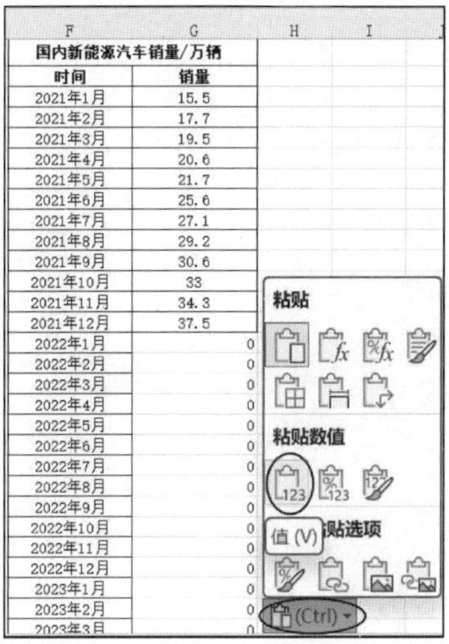

国内新能源汽车销量/万辆	
时间	销量
2021年1月	15.5
2021年2月	17.7
2021年3月	19.5
2021年4月	20.6
2021年5月	21.7
2021年6月	25.6
2021年7月	27.1
2021年8月	29.2
2021年9月	30.6
2021年10月	33
2021年11月	34.3
2021年12月	37.5
2022年1月	0
2022年2月	0
2022年3月	0
2022年4月	0
2022年5月	0
2022年6月	0
2022年7月	0
2022年8月	0
2022年9月	0
2022年10月	0
2022年11月	0
2022年12月	0
2023年1月	0
2023年2月	0
2023年3月	0

图 3-2-26　粘贴数值

3. 一列转多列

有时候，我们从网上复制的多列数据粘贴后会变成单列数据。下面介绍如何利用数据填充和替换巧妙地将一列数据转换成多列数据。例如，将图 3-2-27 所示的 A 列数据转换成图 3-2-28 所示的 3 列数据。

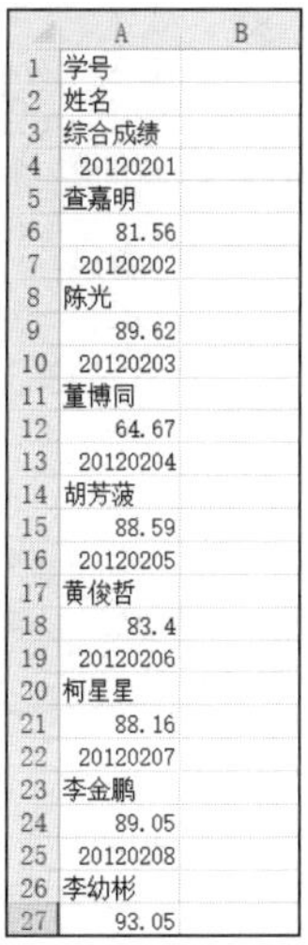

	A	B
1	学号	
2	姓名	
3	综合成绩	
4	20120201	
5	查嘉明	
6	81.56	
7	20120202	
8	陈光	
9	89.62	
10	20120203	
11	董博同	
12	64.67	
13	20120204	
14	胡芳菠	
15	88.59	
16	20120205	
17	黄俊哲	
18	83.4	
19	20120206	
20	柯星星	
21	88.16	
22	20120207	
23	李金鹏	
24	89.05	
25	20120208	
26	李幼彬	
27	93.05	

图 3-2-27　转换前的数据

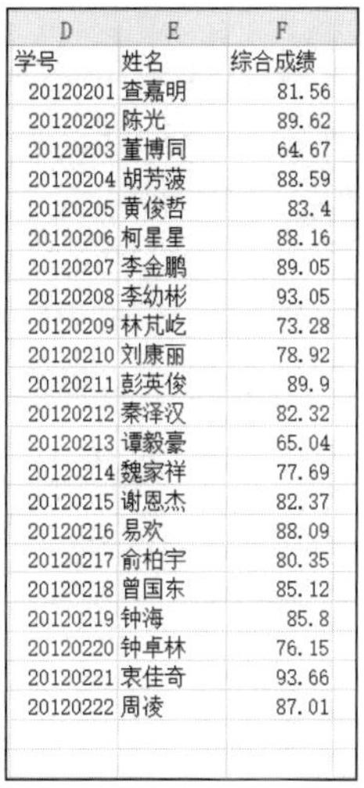

学号	姓名	综合成绩
20120201	查嘉明	81.56
20120202	陈光	89.62
20120203	董博同	64.67
20120204	胡芳菠	88.59
20120205	黄俊哲	83.4
20120206	柯星星	88.16
20120207	李金鹏	89.05
20120208	李幼彬	93.05
20120209	林芃屹	73.28
20120210	刘康丽	78.92
20120211	彭英俊	89.9
20120212	秦泽汉	82.32
20120213	谭毅豪	65.04
20120214	魏家祥	77.69
20120215	谢恩杰	82.37
20120216	易欢	88.09
20120217	俞柏宇	80.35
20120218	曾国东	85.12
20120219	钟海	85.8
20120220	钟卓林	76.15
20120221	衷佳奇	93.66
20120222	周读	87.01

图 3-2-28　转换后的数据

操作步骤如下。

（1）打开"数据处理.xlsx"文件中的"数据转换"工作表，在D1单元格输入"a1"，D2单元格输入"a4"，选择D1:D2单元格区域，将其填充柄向右拖到F列（注意：必须选择"填充序列"），再将D1:F2单元格区域的填充柄向下拖到需要的行数（填充序列），如图3-2-29所示。

（2）选择D:F列，打开"查找和替换"对话框。在"查找内容"中输入"a"，在"替换为"中输入"=a"，单击"全部替换"按钮，如图3-2-30所示。D:F列单元格全部变成公式，成功将A列数据读取过来，实现单列转多列。

（3）选择并复制D:F列，将其数值粘贴到需要的地方。注意，一定要选择"值"命令。

D	E	F
a1	a2	a3
a4	a5	a6
a7	a8	a9
a10	a11	a12
a13	a14	a15
a16	a17	a18
a19	a20	a21
a22	a23	a24
a25	a26	a27
a28	a29	a30
a31	a32	a33
a34	a35	a36
a37	a38	a39
a40	a41	a42
a43	a44	a45
a46	a47	a48
a49	a50	a51
a52	a53	a54
a55	a56	a57
a58	a59	a60
a61	a62	a63
a64	a65	a66
a67	a68	a69
a70	a71	a72
a73	a74	a75

图 3-2-29 数据填充

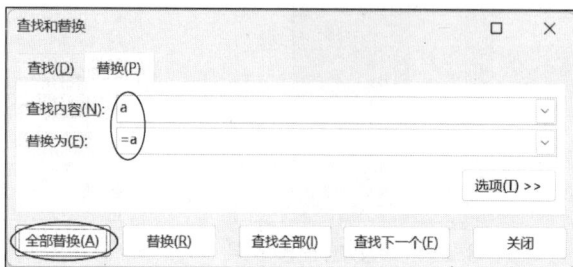

图 3-2-30 替换字符

3.2.5 数据计算

有时候，我们需要的数据并不存在于数据清单中，而是要通过对其他字段进行数学计算或函数计算来获取。

例7： 已知"数据处理.xlsx"文件的"数据计算"工作表中有"上架日期""单价""销量""成交单数""好评单数"等数据，那么可以通过"销售额=单价×销量"来计算销售额，通过"好评率=$\frac{好评单数}{成绩单数}$×100%"来计算好评率，通过"=当天日期−上架日期"来计算上架天数。具体公式为G2=C2*D2，H2=F2/E2，I2=today()−B2，如图3-2-31所示。如果I列上架天数显示的是日期格式，将其单元格格式改成"常规"即可。

	A	B	C	D	E	F	G	H	I
1	商品名称	上架日期	单价	销量	成交单数	好评单数	销售额	好评率	上架天数
2	时尚女士手链	2023/1/7	98	2845	2280	2180	=C2*D2	=F2/E2	=today()−B2
3	爱心四叶草日韩手镯	2022/8/28	299	1278	986	920			
4	男士紫檀木佛珠216颗开	2023/5/29	699	1082	890	780			
5	钛钢手镯手环	2023/3/8	188	2358	2186	1986			
6	天然黑曜石	2023/8/10	168	2689	2478	2228			

图 3-2-31 计算销售额、好评率、上架天数

另外，使用 If 函数根据好评率判断商品的星级，具体公式为=IF(H2>=90%,"*****",IF(H2>=80%,"****",IF(H2>=70%,"***",IF(H2>=60,"**","*")))),结果如图 3-2-32 所示。

图 3-2-32　确定商品的星级

思考：图 3-2-32 中 H6 的值是 90%，为什么 J6 显示四星？

选中 H6，单击 图标增加其小数位数，发现 H6 实际值是 89.9%。所以，为避免引起误会，建议用 Int 函数或 Round 函数对其取整。

◆ Int(数值)函数的功能是向下取整（数轴上左边最近的整数），如图 3-2-33 所示。

图 3-2-33　Int 函数解释

所以，Int(6.4)=Int(6.7)=6，Int(-6.4)=Int(-6.7)=-7

◆ Round(数值,小数位数)函数的功能是，按给定的小数位数对数值进行四舍五入，功能解释见表 3-2-1。

表 3-2-1　Round 函数功能解释

数值	1263.472				
小数位数	-2	-1	0	1	2
结果	1300	1260	1263	1263.5	1263.47

所以，H2 的公式可以改成"=Int(F2/E2+0.5)"或者"=Round(F2/E2,0)"。

例 8：选择"数据处理.xlsx"文件的"个人信息"工作表，在 K2 单元格中使用"=DATE(D2,E2,F2)"计算出生日期，如图 3-2-34 所示。在 L2 单元格中使用"=(TODAY()-K2)/365"计算年龄。在 M2 单元格中使用"=IF(ISODD(H2),"男","女")"计算性别，如图 3-2-35 所示。

图 3-2-34　计算出生日期

图 3-2-35　计算性别

函数资料

◇　Today()——返回当天的日期，不需要参数。

◇　Date(年数,月数,日数)——返回 3 个数字合成的日期，例如 Date(2024,10,1)返回日期 2024/10/1。

◇　Isodd(数值)——判断数值是否为奇数。例如 Isodd(5)返回逻辑值 True。

3.3　数据修整

在一段较长的时间内，总体往往呈现逐渐向上（见图 3-3-1）或向下变动的趋势。

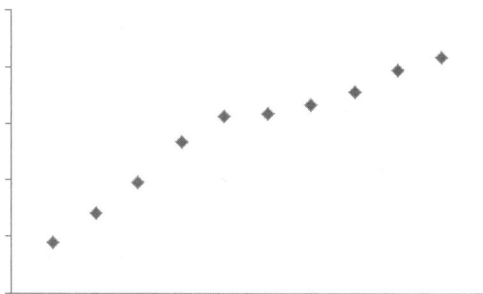

图 3-3-1　明显的向上趋势

在这样的趋势中，也不排除受一些偶然因素或不规则因素的影响，出现与整体趋势相差很大的极端数据，如图 3-3-2 中箭头所指的数据。如果直接对这些极端数据进行数据分析，分析的结果可能不准确，所以有必要用一定的数学方法对这些数据进行加工，使数据长期变化的趋势更加明显，为预测总体的未来提供更准确的依据。

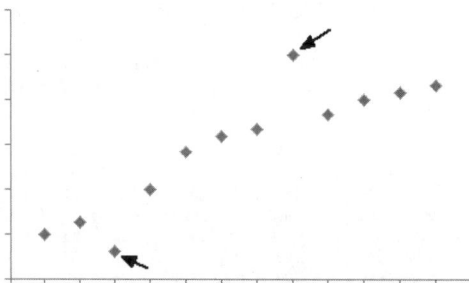

图 3-3-2　局部的数据异动

下面介绍如何使用移动平均法对数据进行修整。

移动平均法就是从时间数列的第一位数值开始，按一定项数求平均数，逐项移动，形成一个新的动态数列。常用的移动平均法有三项移动平均法和四项移动平均法。

3.3.1　三项移动平均法

例 1：计算图 3-3-3 所示的表格中销售额的三项移动平均数。

分析：选择 A1:B15 单元格区域，选择"插入"|"散点图"|"仅带数据标记的散点图"命令，如图 3-3-4 所示。

	A	B
1	年份	销售额/万元
2	2010	4205
3	2011	4632
4	2012	3982
5	2013	4850
6	2014	5220
7	2015	6500
8	2016	5320
9	2017	5490
10	2018	5832
11	2019	6503
12	2020	7215
13	2021	6900
14	2022	6650
15	2023	7300

图 3-3-3　2010—2023 年销售额统计

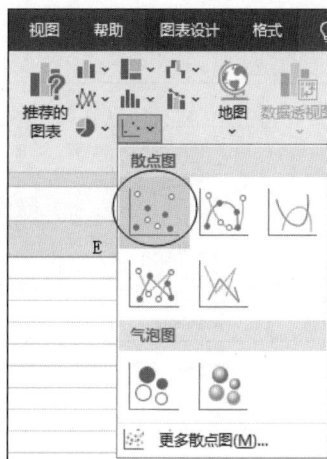

图 3-3-4　插入散点图

结果得到图 3-3-5 所示的散点图，从散点图可以直观地看出，第 3 个点的值明显偏小，而第 6 个点的值明显偏大，这可能是由不确定因素造成的。在这种情况下，可以通过移动平均法对数据做修整，尽量排除不确定因素对数据造成的影响。

图 3-3-5　原始数据的散点图

三项移动平均数的计算思路如下：

第 1 个三项移动平均数=(4205+4632+3982)/3=4273（万元）作为中间年份 2011 年的销售额数据；

第 2 个三项移动平均数=(4632+3982+4850)/3=4488（万元）作为中间年份 2012 年的销售额数据；依次类推……

下面用 Average 函数计算三项移动平均数。

（1）打开"数据处理.xlsx"文件中的"三项移动平均"工作表，单击 C3 单元格，再单击"开始"|"自动求和"按钮右边的箭头，选择"平均值"命令，如图 3-3-6 所示。

（2）默认情况下是对 C3 单元格左边的 A3:B3 求平均数，显示的公式为"=AVERAGE(A3:B3)"，在保持 A3:B3 选中的状态下，选择新的区域 B2:B4，公式变为"=AVERAGE(B2:B4)"，如图 3-3-7 所示。

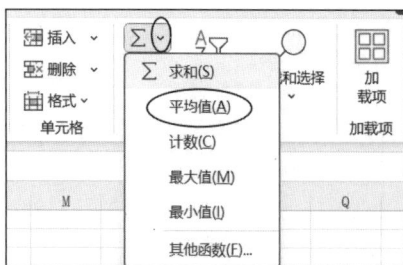

图 3-3-6　选择"平均值"命令

图 3-3-7　计算三项平均数

（3）确认 C3 单元格的计算结果后，将 C3 单元格的填充柄拉到 C14 单元格，结果如图 3-3-8 所示。

将修整后的数据绘成散点图（见图 3-3-9），发现修整后的数据逐步增长的趋势更为明显。

图 3-3-8　计算三项移动平均数

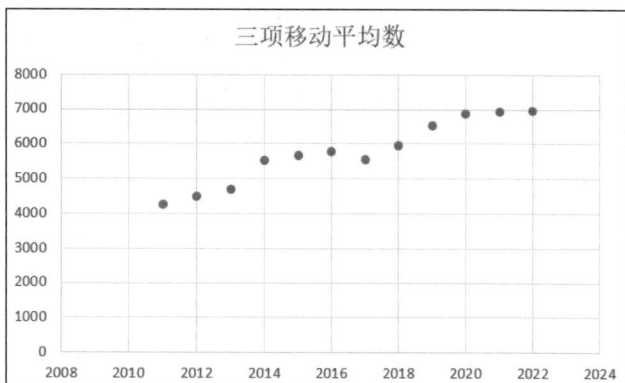

图 3-3-9　经过三项移动平均法修整后的数据散点图

3.3.2　四项移动平均法

例 2：计算图 3-3-3 所示的表格中销售额的四项移动平均数。

四项移动平均数的计算过程如下。

（1）求四项移动平均数。

第 1 个四项移动平均数=(4205+4632+3982+4850)/4=4417.25（万元），暂时放于 2011 年和 2012 年之间，如图 3-3-10 所示。

第 2 个四项移动平均数=(4632+3982+4850+5220)/4=4671（万元），暂时放于 2012 年和 2013 年之间。依次类推……

（2）因为得到的数据并没有对应某一年，所以继续对所得数据用两项移动平均法进行正位。

第 1 个四项移动平均数的正位数=(4417.25+4671)/2=4544.125（万元），放在两个数的中间，即作为 2012 年的销售额，如图 3-3-11 所示。

第 2 个四项移动平均数的正位数=(4671+5138)/2=4904.5（万元），作为 2013 年的销售额。依次类推……

A	B	C
年份	销售额/万元	四项移动平均数
2010	4205	
2011	4632	
		4417.25
2012	3982	
		4671
2013	4850	
		5138
2014	5220	
		5472.5
2015	6500	
		5632.5
2016	5320	
		5785.5
2017	5490	
		5786.25
2018	5932	
		6260
2019	6503	
		6612.5
2020	7215	
		6817
2021	6900	
		7016.25
2022	6650	
2023	7300	

图 3-3-10　计算三项移动平均数

A	B	C	D
年份	销售额/万元	四项移动平均数	四项移动平均正位
2010	4205		
2011	4632		
		4417.25	
2012	3982		4544.125
		4671	
2013	4850		4904.5
		5138	
2014	5220		5305.25
		5472.5	
2015	6500		5552.5
		5632.5	
2016	5320		5709
		5785.5	
2017	5490		5785.875
		5786.25	
2018	5932		6023.125
		6260	
2019	6503		6436.25
		6612.5	
2020	7215		6714.75
		6817	
2021	6900		6916.625
		7016.25	
2022	6650		
2023	7300		

图 3-3-11　修整后的数据散点图

下面在 Excel 中用 Average 函数计算四项移动平均数。

（1）打开"数据处理.xlsx"文件中的"四项移动平均"工作表，在 C3 单元格中使用公式"=AVERAGE(B2:B5)"计算第 1 个四项移动平均数，如图 3-3-12 所示。

	A	B	C	D
			fx	=AVERAGE(B2:B5)
1	年份	销售额/万元	四项移动平均数	四项移动平均正位
2	2010	4205		
3	2011	4632	=AVERAGE(B2:B5)	
4	2012	3982	AVERAGE(**number1**, [number2], ...)	
5	2013	4850	5138	
6	2014	5220	5472.5	
7	2015	6500	5632.5	
8	2016	5320	5785.5	绘图区
9	2017	5490	5786.25	
10	2018	5832	6260	
11	2019	6503	6612.5	
12	2020	7215	6817	
13	2021	6900	7016.25	
14	2022	6650		
15	2023	7300		

图 3-3-12　计算四项移动平均数

（2）确认 C3 单元格的计算结果后，将 C3 单元格的填充柄拖到 C13 单元格。

（3）在 D4 单元格中输入公式"=AVERAGE(C3:C4)"，如图 3-3-13 所示。

（4）确认 D4 单元格的计算结果后，将 D4 单元格的填充柄拖到 D13 单元格。

图 3-3-13　计算四项移动平均正位数

经过移动平均正位后，绘制出的数据散点图就非常平稳了，如图 3-3-14 所示。

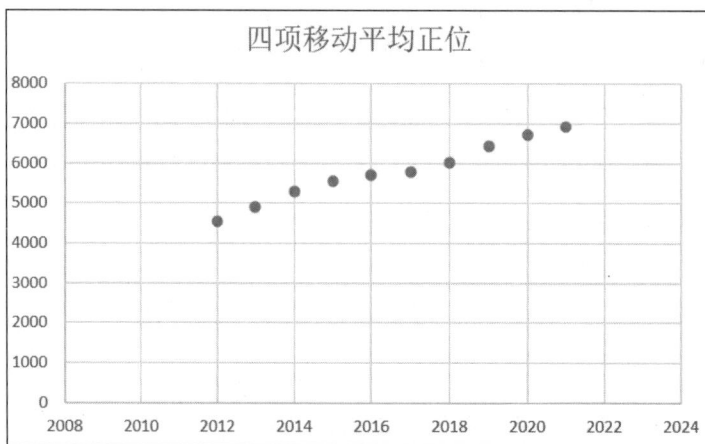

图 3-3-14　正位后的数据散点图

> 📖**注意**
>
> 　　若采用奇数项移动平均，平均值对准原时间数列的居中项数，一次可得趋势值；
>
> 　　若采用偶数项移动平均，平均值未对准原时间数列的居中项数，需再通过一次移动平均进行正位。

3.3.3　加载 Excel 分析工具库

在 Excel 中，还可以用分析工具库完成移动平均数的计算。默认情况下，Excel 并没有安装分析工具库，下面介绍分析工具库的加载。

（1）在 Excel 窗口中，选择"文件"|"选项"命令。

（2）在随后打开的"Excel 选项"对话框中，选择左边的"加载项"选项后，单击右边的"转到"按钮，如图 3-3-15 所示。

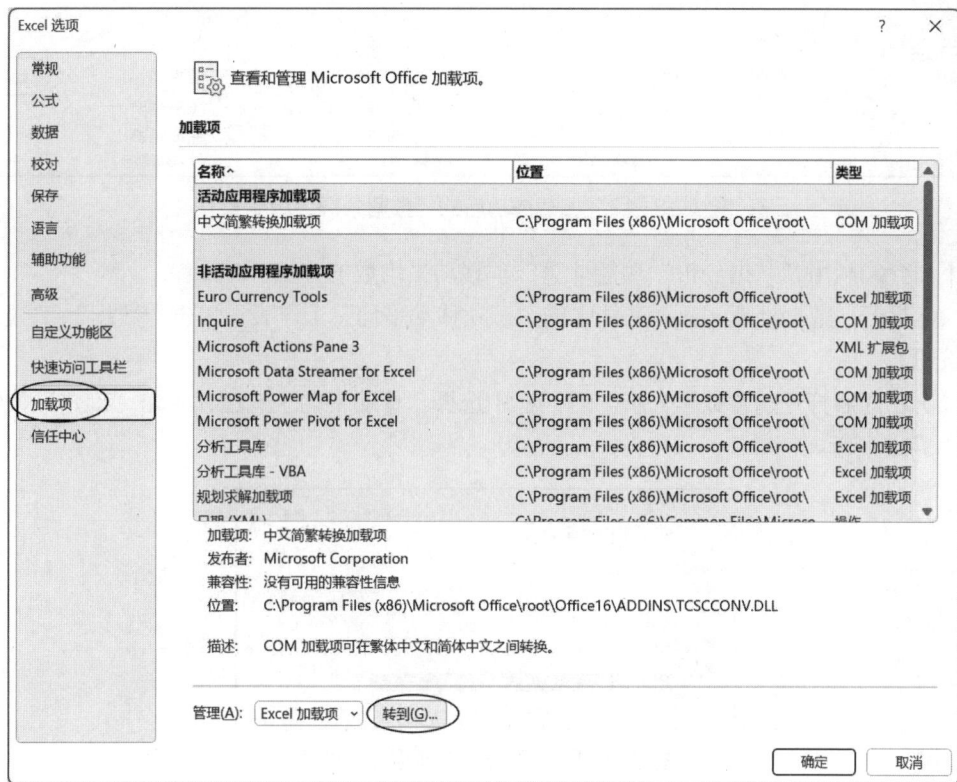

图 3-3-15 "Excel 选项"对话框

（3）在随后打开的"加载项"对话框中，勾选"分析工具库"复选项，单击"确定"按钮，如图 3-3-16 所示。

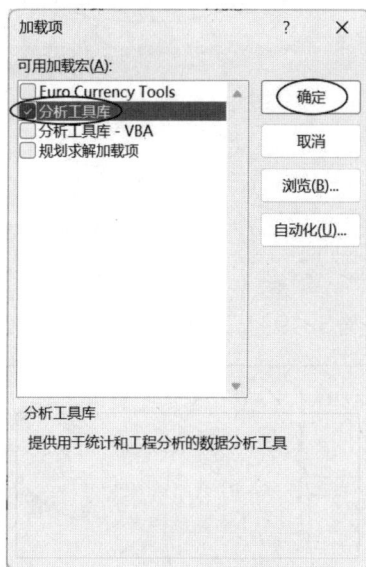

图 3-3-16 加载"分析工具库"

加载成功后，会在"数据"选项卡中看到一个新的功能"数据分析"，如图 3-3-17 所示。

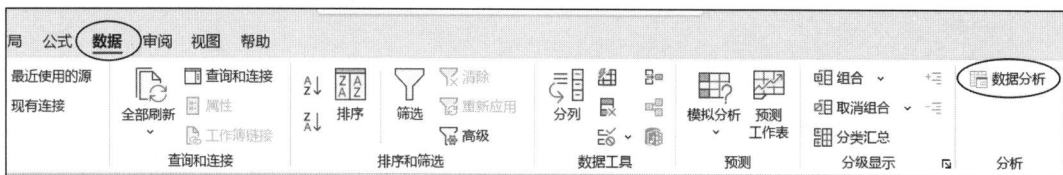

图 3-3-17　加载成功后的"数据分析"功能

下面介绍利用"数据分析"功能计算三项移动平均数的方法。

（1）打开"数据处理.xlsx"文件中的"三项移动平均"工作表，单击"数据"|"数据分析"按钮。

（2）在随后打开的"数据分析"对话框中选择"移动平均"选项，单击"确定"按钮，如图 3-3-18 所示。

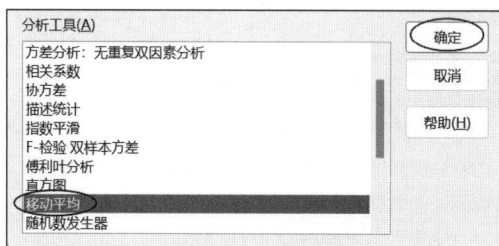

图 3-3-18　选择"移动平均"选项

（3）在"移动平均"对话框中设置各参数，如图 3-3-19 所示，最终结果如图 3-3-20 所示。

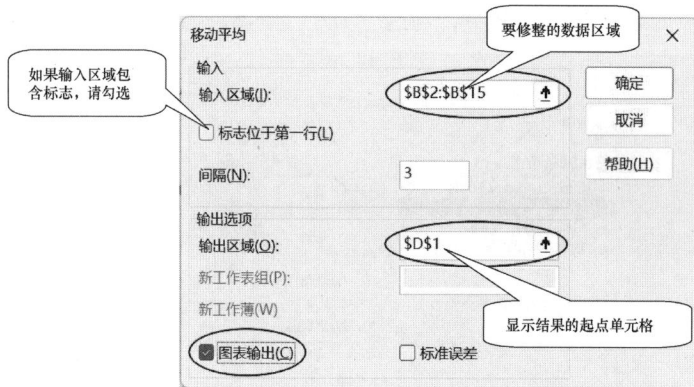

图 3-3-19　三项移动平均参数的设置

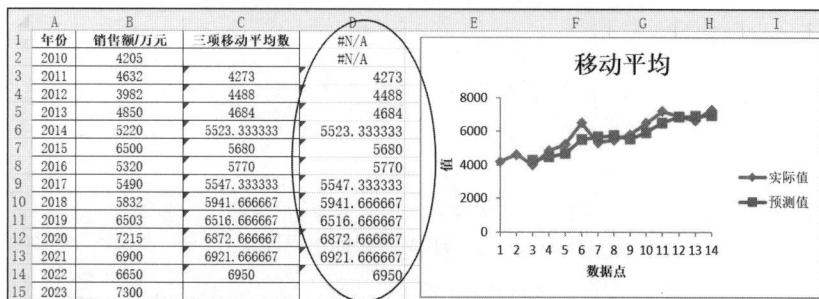

图 3-3-20　最终结果

3.4 练习

1. 选择题

（1）回收的问卷调查表中有一些没有填写的项。处理这些缺失值的办法有多种，需要根据实际情况选择使用。对于一般的缺失值项，最常用的方法是（　　）。

    A. 删除含有缺失值的调查表

    B. 将缺失的数值以该项已填值的平均值代替

    C. 用某种统计模型的计算值来代替

    D. 填入特殊标志，凡涉及该项的统计就排除这些项的值

（2）以下关于数据和数据处理的叙述中，不正确的是（　　）。

    A. 要大力提倡在论述观点时用数据说话

    B. 数据处理技术的重点是计算机操作技能

    C. 对数据的理解是数据分析的重要前提

    D. 数据资源可以为创新驱动发展提供动力

（3）在数据处理的过程中，影响数据精度的因素不包括（　　）。

    A. 显示器的分辨率　　　　　　　　B. 收集数据的准确度

    C. 数据的类型　　　　　　　　　　D. 对小数位数的指定

（4）在数据处理中，"删除重复数据"的功能很重要，但其作用不包括（　　）。

    A. 有效控制数据体量的急剧增长

    B. 节省存储设备和数据管理的成本

    C. 释放存储空间，提高存储利用率

    D. 提高数据的安全性，防止数据被破坏

（5）进行数据加工之前一般需要做数据清洗，数据清洗工作不包括（　　）。

    A. 删除不必要的、多余的、重复的数据　　B. 处理缺失的数据字段，做特殊标记

    C. 检测有逻辑错误的数据，纠正或删除　　D. 修改异常数据，使其落入常识范围

（6）企业数据处理的目的不包括（　　）。

    A. 删除低价值数据，保存重要数据

    B. 从海量的历史数据中提取和挖掘有价值的信息

    C. 为企业决策提供依据

    D. 探讨本企业产品和服务的发展方向

（7）在收集、整理、存储大数据时，删除重复数据的作用不包括（　　）。

    A. 释放存储空间，提高存储利用率　　B. 节省存储成本与管理成本

    C. 有效控制备份数据的急剧增长　　　D. 提高数据存储的安全性

（8）数据加工处理的目的不包括（　　）。

    A. 提升数据质量，包括精准度和适用度

    B. 筛选数据，使其符合企业发展的预想

    C. 分类排序，使检索和查找快捷方便

    D. 便于分析，降低复杂度，减少计算量

（9）在数据处理的过程中，删除多余的重复数据、补充缺失的数据、纠正或删除错误的数据，这些工作属于（　　　）。

    A. 数据清洗　　　　B. 数据加工　　　　C. 数据转换　　　　D. 数据分析

（10）数据清洗工作不包括（　　　）。

    A. 删除多余的重复数据　　　　　　　　B. 采用适当方法补充缺失的数据

    C. 纠正或删除错误的数据　　　　　　　D. 更改过大和过小的异常数据

（11）下列选项中，不属于数据清洗的是（　　　）。

    A. 删除重复数据　　　　　　　　　　　B. 处理无效值和缺失值

    C. 检查数据一致性　　　　　　　　　　D. 数据排序

（12）若在A1单元格中输入公式"=Left("数据分析基础",4)"，则A1单元格的值是（　　　）。

    A. 4　　　　　　　　B. 6　　　　　　　　C. 数据　　　　　　　D. 数据分析

（13）若在A1单元格中输入某人的身份证号码360103200608161924（文本型数据），中间的数字20060816表示该人的出生日期是2006-08-16，如果希望在B1单元格中用公式提取这个人的出生年份，应该在B1单元格中输入公式（　　　）。

    A. =Mid(A1,6,4)　　B. =Mid(A1,7,4)　　C. =Year(A1)　　　D. =Year(A1,7,4)

（14）有一个图3-4-1所示的数据清单，在E2单元格中输入公式"=Index(F:H,3,2)"，则E2单元格的值是（　　　）。

    A. 0-18　　　　　　B. 18-35　　　　　C. 35-50　　　　　D. 青年

（15）有一个图3-4-1所示的数据清单，在E3单元格中输入公式"=Match(C2,F:F,TRUE)"，则E3单元格的值是（　　　）。

    A. 0-18　　　　　　B. 未成年人　　　　C. 1　　　　　　　D. 2

	A	B	C	D	E	F	G	H
1	编号	姓名	年龄	年龄组		阀值	年龄	年龄组
2	1	陈光	17			0	0~18	未成年人
3	2	陈述	18			18	18~35	青年
4	3	邓必定	52			35	35~50	中年
5	4	董博同	20			50	50~65	中老年
6	5	窦尹	38			65	65~	老年
7	6	付丽	35					
8	7	甘露淋	46					
9	8	甘明	50					
10	9	龚国	51					

图3-4-1　年龄分组

（16）Len(text)函数的功能是求字符串的长度（包括空格）。若在A1单元格中输入公式"=Len("good morning!")"，则A1单元格的值是（　　　）。

    A. 2　　　　　　　　B. 11　　　　　　　C. 12　　　　　　　D. 13

（17）Power(number,power)函数的功能是求某数的指数幂，第1个参数为底，第2个参数为指数。若在A1单元格中输入公式"=Power(4,3)"，则A1单元格的值是（　　　）。

    A. 12　　　　　　　B. 16　　　　　　　C. 64　　　　　　　D. 81

（18）Sign(number)函数的功能是返回数值的符号，正数返回1，负数返回-1，为零时返回0。若在A1单元格中输入-100，在A2单元格中输入10，在B1单元格中输入公式

"=Sign(A1)+Sign(A2)"，则 B1 单元格的值是（　　　）。

  A．-1   B．1   C．0   D．-90

（19）若在 A1 单元格中输入数据 31.62，在 B1 单元格中输入公式"=Int(A1)"，则 B1 单元格的值是（　　　）。

  A．30   B．31   C．32   D．31.6

（20）若在 A1 单元格中输入数据 31.62，在 B1 单元格中输入公式"=Round(A1,0)"，则 B1 单元格的值是（　　　）。

  A．30   B．31   C．32   D．31.6

2. 操作题

（1）打开"数据处理-课后练习.xlsx"文件，在"成绩查询"工作表中分别用 Vlookup 函数和 Index 函数查询高考分数，如图 3-4-2 所示。

	A	B	C	D	E	F	G
1	姓名	身份证号	考生号	高考分数		成绩查询（VLOOKUP）	
2	艾城	310102199701306123	24310114110221	299		考生号：	
3	白有成	130104199602082817	24130112151882	311		高考分数：	
4	毕程青	351123199709166436	24351114110528	259			
5	蔡志涛	331512199709182585	24331501151621	232			
6	曹峰	211112199605113116	24211114121892	243			
7	曹志丽	321202199608065380	24321209121453	343		成绩查询（Index+Match）	
8	柴鹏程	451848199612102091	24451809151646	393		考生号：	
9	陈成晟	361263199703157548	24361212111447	280		高考分数：	

图 3-4-2　高考分数查询

（2）打开"数据处理-课后练习.xlsx"文件，计算"转化率"工作表中各种商品各环节的转化率（见图 3-4-3）。其中"加购物车"环节的转化率=加购物车人数/浏览人数，"交易"环节的转化率=交易人数/加购物车人数。

	A	B	C	D	E	F
1	商品名称	浏览人数	加购物车		交易	
2			人数	转化率	人数	转化率
3	时尚女士手链	1200	490		380	
4	爱心四叶草日韩手镯	3280	2845		2683	
5	男士紫檀木佛珠216颗开光	480	230		120	
6	钛钢手镯手环	2690	1380		1200	
7	天然黑曜石	3289	1387		1360	

图 3-4-3　转化率计算

（3）打开"数据处理-课后练习.xlsx"文件，计算"上市公司"工作表（见图 3-4-4）中各企业上市的天数和上市的年数。

	A	B	C	D
1	公司名称	上市日期	上市天数	上市年数
2	江西煌上煌集团食品股份有限公司	2012.9.5		
3	江西万年青水泥股份有限公司	1997.9.23		
4	江西昌九生物化工股份有限公司	1999.1.19		
5	江西洪都航空工业股份有限公司	2000.11.16		
6	江西恒大高新技术股份有限公司	2011.6.21		
7	诚志股份有限公司	2000.7.6		
8	江西万年青水泥股份有限公司	1997.9.2		

图 3-4-4　"上市公司"工作表

（4）打开"数据处理-课后练习.xlsx"文件，将"数据分列"工作表中 A 列数据的"姓名""家庭地址""邮编"分列显示在 C、D、E 列，结果如图 3-4-5 所示。

	A	B	C	D	E
1	姓名,家庭地址,邮编		姓名	家庭地址	邮编
2	蔡新兵,内蒙古赤峰市松山区穆家营子镇五三村一组,324000		蔡新兵	内蒙古赤峰市松山区穆家营子镇五	324000
3	陈登宝,江西省南昌市湖田乡王华村蟹形组,336000		陈登宝	江西省南昌市湖田乡王华村蟹形纟	336000
4	陈非洲,江西省宜春市新建县七二0厂,332000		陈非洲	江西省宜春市新建县七二0厂	332000
5	陈甲,江西省上饶市万年县上坊乡高墩村,335511		陈甲	江西省上饶市万年县上坊乡高墩村	335511
6	程意,黑龙江省佳木斯市桦南县广播局8单元701,154402		程意	黑龙江省佳木斯市桦南县广播局8	154402
7	寸素香,内蒙古四子王旗供济堂镇宿尼吾素村,211815		寸素香	内蒙古四子王旗供济堂镇宿尼吾	211815
8	董露,江西省宜春市上高县锦江大道15号501室,336400		董露	江西省宜春市上高县锦江大道15万	336400
9	董诗斌,江西省泰和县碧溪圩镇,343709		董诗斌	江西省泰和县碧溪圩镇	343709
10	董小雪,内蒙古集宁古古镇黑土台镇常山天村,212100		董小雪	内蒙古集宁古古镇黑土台镇常山天	212100

图 3-4-5　数据分列结果

（5）打开"数据处理-课后练习.xlsx"文件，分别用三项移动平均法和四项移动平均法对"移动平均练习"工作表（见图 3-4-6）中的数据进行修整。

	A	B	C	D	E	F	G	H	I	J	K	L	M	N	O	P	Q	R	S	T	U
1	年份		2019				2020				2021				2022				2023		
2	季节	1	2	3	4	1	2	3	4	1	2	3	4	1	2	3	4	1	2	3	4
3	销售量/万台	19	40	52	27	20	43	58	28	21	42	60	29	22	45	62	28	23	48	65	30

图 3-4-6　"移动平均练习"工作表

第4章

数据的分析

知识目标

1. 理解单项式分组、组距式分组（等距分组、不等距分组）、组中值等的概念，掌握统计分组的常用方法。

2. 理解并掌握平均数、中位数、众数、方差、标准差、峰度、偏度的含义及作用。

3. 理解并掌握动态数列各种速度指标的含义、关系。

4. 掌握利用同期平均法、移动平均趋势剔除法预测数据的步骤。

5. 理解并掌握相关系数、回归方程、决定系数的含义、作用及计算方法。

6. 理解综合评价分析法的原理，掌握综合评价分析法的步骤。

7. 理解数据标准化的必要性，掌握 0-1 标准化方法。

8. 理解四象限分析法的原理及 4 个象限的含义。

9. 熟练掌握 Excel 内置函数 Frequency、Countif、Countifs、Quartile、Var、Stdev、Skew、Kurt、Correl 的功能和参数要求。

技能目标

1. 熟练运用函数和"直方图"工具对数据进行分组。

2. 熟练掌握数据的规模分析、集中趋势分析、离散度分析、分布形态分析。

3. 熟练计算动态数列的各项速度指标，利用同期平均法、移动平均趋势剔除法对动态数列做预测分析。

4. 熟练掌握数据的相关分析和回归分析，找出数据的相关性。

5. 熟练运用综合评价分析法对数据进行综合分析。

6. 运用四象限分析法对企业产品进行分析和规划。

素质目标

1. 转换思维方式，建立大数据思维，提高数据应用和创新能力。

2. 掌握数据分析的各种方法，培养持续学习、追求卓越的学习精神。

本章将介绍如何对数据进行分组统计，如何利用统计指标分析数据的规模、集中趋势、离散度和分布形态，探索动态数列速度指标，对动态数列进行分析与预测，讲解相关分析、回归分析、综合评价分析、四象限分析等数据分析方法。

4.1 统计分组

4.1.1 统计分组的概念

统计分组是根据统计研究的需要，按照一定的标准，将总体分为若干个性质不同而又有联系的部分，并计算各组的频数或比重的一种统计分析方法。这些部分称为这一总体的"组"。按照每组标志表现的多少，统计分组可以分成**单项式**分组和**组距式**分组。

1. 单项式分组

一个变量值作为一组，称为**单项式**分组。单项式分组一般适用于离散型变量且变量变动不大的场合。

例如，如果考试成绩以五分制计算，则全体学生的成绩可以分为6组，即5分、4分、3分、2分、1分、0分，如表4-1-1所示。

表4-1-1　单项式分组

组别	人数
5分	230
4分	760
3分	1389
2分	340
1分	79
0分	2
合计	2800

2. 组距式分组

以一个区间作为一组，称为**组距式**分组。组距式分组一般适用于连续型变量或离散数据较多的场合。组距式分组又可以分成**等距**分组和**不等距**分组。

例如，如果学生的成绩以百分制计算，则全体学生的成绩可以采用等距分组，如表4-1-2所示；也可以采用不等距分组，如表4-1-3所示。

表4-1-2　等距分组

组别	人数
0～10	0
10～20	5
20～30	18
30～40	57

组别	人数
40～50	90
50～60	250
60～70	1210
70～80	1020
80～90	118
90～100	32
合计	2800

表 4-1-3　不等距分组

组别	人数
40 分以下	80
40～60 分	340
60～70 分	1210
70～80 分	1020
80 分以上	150
合计	2800

对于某一个组(a,b)，我们称 a 为该组的下限，b 为该组的上限；上限与下限之差$(b-a)$叫组距，$\dfrac{a+b}{2}$ 叫组中值。组中值未必是该组数据的平均值，但由于其计算简单，因此它常作为该组的代表值。

诸如"……以下""……以上"的组，叫"开口组"。"下开口组"的组中值=上限-$\dfrac{邻组组距}{2}$，"上开口组"的组中值=下限+$\dfrac{邻组组距}{2}$。

当各组的上下限互不相等时，各组是既含下限又含上限的；但当前一组的上限与后一组的下限相同时，统计学一般遵循"**含下限、不含上限**"的原则。

组距式分组的应用一般包括以下几个步骤。

（1）确定组数。由于分组的目的之一是观察数据分布的特征，因此组数应适中。组太少，数据的分布就会过于集中；组太多，数据的分布就会过于分散。这都不便于观察数据分布的特征和规律。

那么一组数据分多少组合适呢？一般是 5～10 组。具体操作时，还要根据数据本身的特点及数据的多少来决定。

（2）确定各组的组距。组距可根据全部数据的最大值和最小值及所分的组数来确定，即

$$组距 \approx \dfrac{(最大值-最小值)}{组数}。$$

例如，某组数据最大值为 139，最小值为 107，一共分成 7 组，则组距$\approx\dfrac{(139-107)}{7}\approx4.6$。

为了便于计算，组距宜取 5 或 10 的倍数，而且第一组的下限应小于最小值，最后一组的上限应大于最大值，因此组距可取 5，分成 7 组：105～110、110～115、115～120……135～140。

（3）统计各组的指标值。

4.1.2 利用"数据透视表"分组

利用数据透视表可以对 Excel 数据进行分组，建立各种形式的交叉数据列表。数据透视表将筛选和分类汇总等功能结合在一起，使用者可根据不同需要以不同方式查看数据。

插入数据透视表的主要步骤如下。

（1）单击数据区域的任意一个单元格，再单击"插入"|"数据透视表"按钮。

（2）在打开的"来自表格或区域的数据透视表"对话框中自动选择了所有的数据区域，数据透视表的位置默认为"新工作表"，如图 4-1-1 所示。如果不想更改数据透视表的位置，单击"确定"按钮即可。

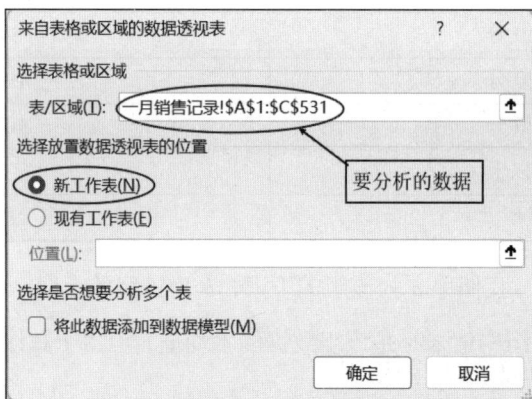

图 4-1-1 确定要分析的数据及数据透视表放置位置

（3）将分组标志（Excel 中叫"字段"）拖到"行""列""筛选"处（首选"行"，其次是"列"，尽量不要拖到"筛选"），将要统计的标志（字段）全部拖到"值"处，如图 4-1-2 所示。

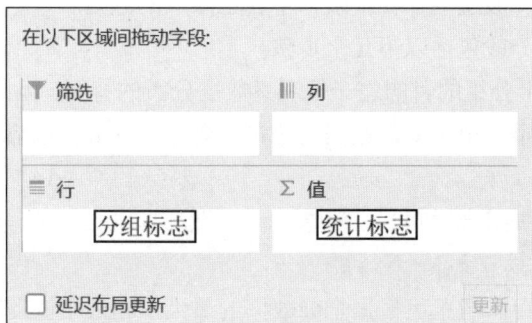

图 4-1-2 确定分组标志及统计标志

如果统计的是品质标志，统计方式默认为"计数"；如果统计的是**数量标志**，统计方式默认为"求和"。

如果要修改统计方式，可以单击右边的箭头，选择"值字段设置"命令，然后在"值字段设置"对话框中修改计算类型，如图 4-1-3 所示。

图 4-1-3　修改字段的计算类型

例 1：打开"数据分组.xlsx"工作簿，利用数据透视表功能统计"一月销售记录"工作表中每种商品的销售总额。

操作步骤如下。

（1）单击"一月销售记录"工作表数据区域的任意一个单元格，再单击"插入"|"数据透视表"按钮，打开"来自表格或区域的数据透视表"对话框，里面自动选择了要分析的数据为"一月销售记录!$A$1:$C$531"，修改数据透视表的位置为"现有工作表"，并选择"一月销售记录"工作表的 E3 单元格，如图 4-1-4 所示。

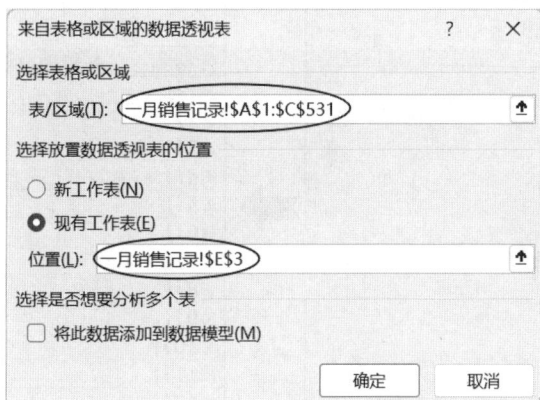

图 4-1-4　确定要分析的数据及数据透视表放置位置

（2）将"销售商品"拖至"行"处，将"销售额"拖至"值"处，如图 4-1-5 所示。

（3）数据透视表默认的标题不具备可读性，所以将数据透视表两列的标题修改为"商品"和"销售总额/元"，最终效果如图 4-1-6 所示。

图 4-1-5　数据透视表字段布局

商品 ▼	销售总额/元
T区护理	274491279
唇部护理	171782796
防晒	902102961
化妆水/爽肤水	2316321660
洁面	1319662937
精油芳疗	1893195838
面部按摩霜	143349331
面部护理套装	4144105442
面部精华	2169506635
面部磨砂/去角质	160970129
面膜/面膜粉	2794168806
男士护理	754299974
其他保养	448144543
乳液/面霜	3108015952
身体护理	2698007093
手部保养	401877954
卸妆	665916975
胸部护理	626167885
眼部护理	2050078078
总计	27042166268

图 4-1-6　数据透视表最终效果

例 2：将"数据分组.xlsx"工作簿中的"2023 年销售记录"工作表数据根据"日期"字段按季度分组，并统计每个季度的"成交商品总数"。

操作步骤如下。

（1）单击"2023 年销售记录"工作表数据区域的任意一个单元格，单击"插入"|"数据透视表"按钮，确定要分析的数据和数据透视表的放置位置。

（2）将"日期"拖到"行"处，将"成交商品数"拖到"值"处，如图 4-1-7 所示。目前数据是按月分组统计的（低版本的 Excel 可能是按日分组统计的）。

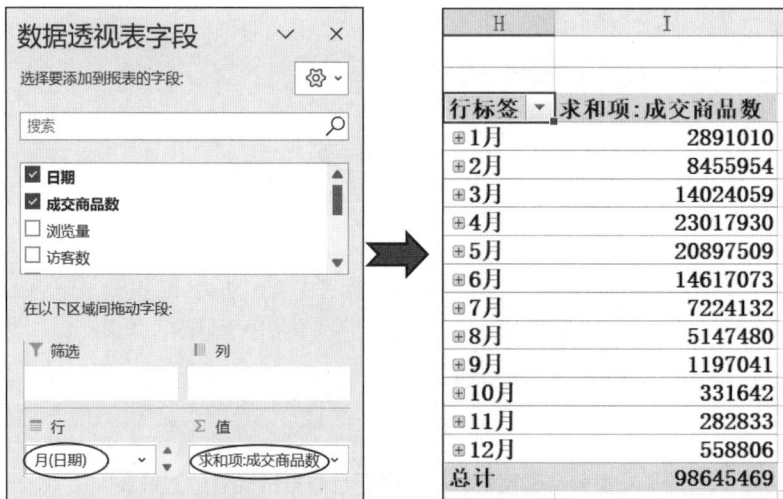

行标签 ▼	求和项:成交商品数
⊞1月	2891010
⊞2月	8455954
⊞3月	14024059
⊞4月	23017930
⊞5月	20897509
⊞6月	14617073
⊞7月	7224132
⊞8月	5147480
⊞9月	1197041
⊞10月	331642
⊞11月	282833
⊞12月	558806
总计	98645469

图 4-1-7　设置数据透视表布局

（3）在数据透视表的"行标签"下任意单元格上单击鼠标右键，在弹出的快捷菜单中选择"组合"命令，在"组合"对话框中将"步长"修改为"季度"，如图 4-1-8 所示。

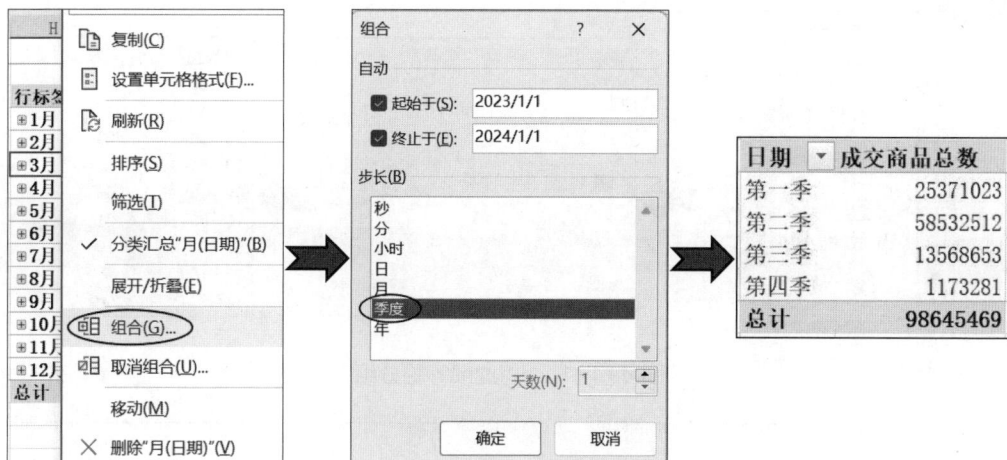

图 4-1-8　按季度分组统计成交商品总数

例 3：将"数据分组.xlsx"工作簿中的"数学成绩"工作表数据按"成绩"进行等距分组（组距为 10），并统计各组的"人数"。

操作步骤如下。

（1）单击"数学成绩"工作表数据区域的任意一个单元格，单击"插入"|"数据透视表"按钮，确定要分析的数据和数据透视表的放置位置。

（2）将"成绩"拖至"行"处，将"姓名"拖至"值"处，如图 4-1-9 所示。目前得到的数据透视表是一个单项式分组，下面需要将 20～30 分的合并成一个组，30～40 分的合并成一个组，依此类推。

图 4-1-9　设置数据透视表布局

（3）在数据透视表的"行标签"下任意单元格上单击鼠标右键，在弹出的快捷菜单中选择"组合"命令，在随后打开的"组合"对话框中修改起始值为 20，终止值为 100，步长为 10，如图 4-1-10 所示。

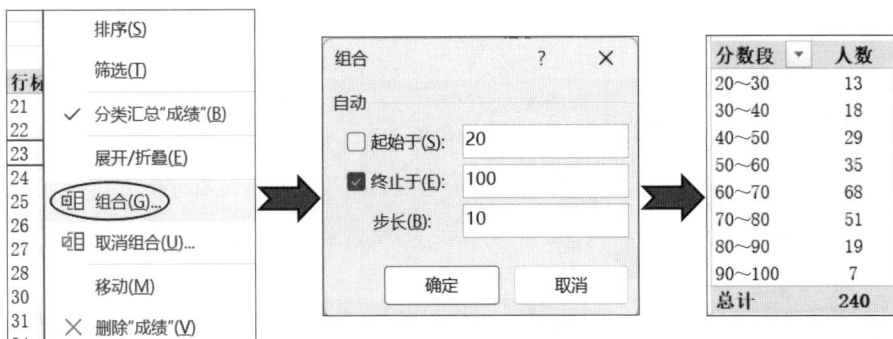

图 4-1-10　将成绩等距分组

> **注意**
>
> 当前一组的上限与后一组的下限相同时，数据透视表统计结果遵循"含下限、不含上限"的原则。

4.1.3　利用"直方图"工具分组

利用数据透视表可以完成对数据的**单项式分组**和**等距分组**。如果要对数据进行不等距分组，数据透视表就无能为力了，此时可以利用"数据分析"之"直方图"工具进行分组。

例4：将"数据分组.xlsx"工作簿中的"数学成绩"工作表数据按"40分以下""40～60分""60～70分""70～80分""80分以上"分成5组，并统计各组的人数。

操作步骤如下。

（1）在F列输入各组的上限值40、60、70、80，如图4-1-11所示。

（2）单击"数据"|"数据分析"按钮。

（3）在"数据分析"对话框中选择"直方图"选项，如图4-1-12所示。

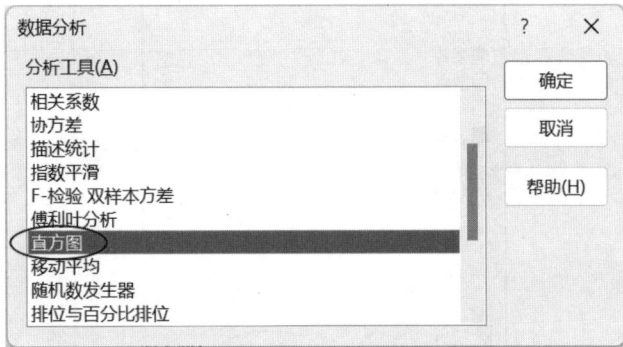

图 4-1-11　组上限

图 4-1-12　选择"直方图"选项

（4）在"直方图"对话框的"输入区域"选择整个D列，这时"输入区域"会自动显示绝对引用的方式$D:$D；"接收区域"选择F1:F5单元格区域，这时"接收区域"也会自动显示绝对引用的方式$F$1:$F$5。因为D1和F1单元格里的数据是标志，所以下面勾选"标志"复选项，"输出区域"选择某空白单元格（如H1），勾选"图表输出"复选框，如图4-1-13所示。

（5）单击"确定"按钮，所得统计分组和直方图如图4-1-14所示。

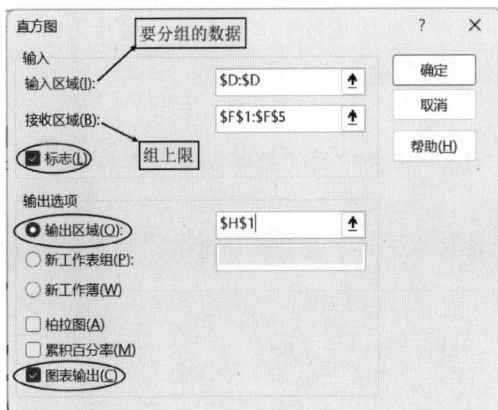

图 4-1-13　设置输入区域和接收区域

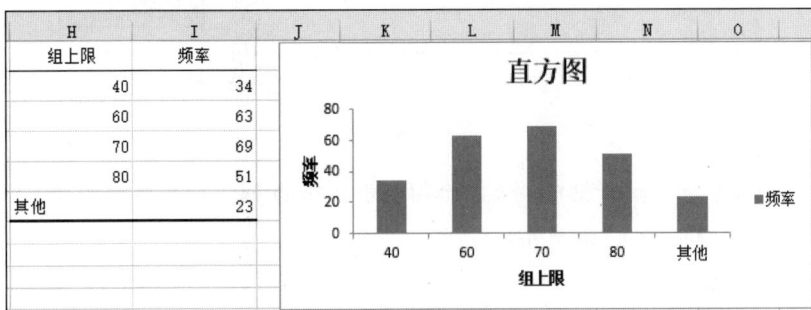

图 4-1-14　统计分组和直方图

（6）为增强数据的可读性，将统计分组和直方图修改成图 4-1-15 所示的效果。

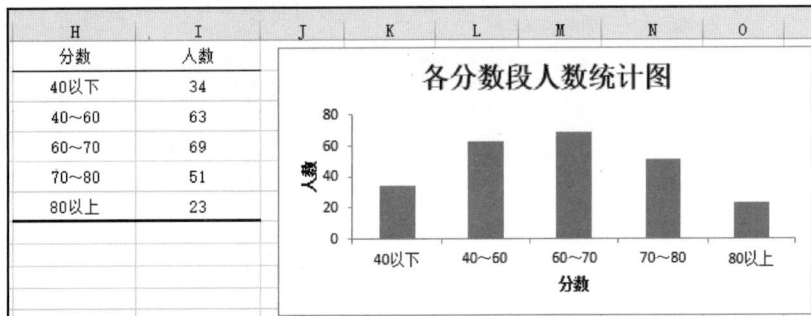

图 4-1-15　修改后的统计分组和直方图

用"直方图"工具进行分组有以下两个特点。

① 只能统计各组的频数，不能对组内的数据进行求和或求平均值。

② 各组的频数是"含上限"的。

4.1.4　利用 Excel 函数分组

1. Frequency 函数

Frequency 函数的功能就是统计各组的频数，因此它是一个数组函数，即它返回的结果不是一个数，而是一组数。

例 5：用 Frequency 函数对"数学成绩"工作表的数据按"40 分以下""40～60 分""60～70 分""70～80 分""80 分以上"进行分组统计。

操作步骤如下。

（1）找到"数据分组.xlsx"文件中的"数学成绩"工作表，在 F 列输入各组的上限 40、60、70、80。

（2）选择 G2:G6 单元格区域，用于放置统计结果，如图 4-1-16 所示。

图 4-1-16 选择放置统计结果的 G2:G6 单元格区域

（3）插入 Frequency 函数。

（4）在"函数参数"对话框中，第 1 个输入框选择 D 列（结果显示 D:D），第 2 个输入框选择组上限区域（F1:F5），如图 4-1-17 所示。

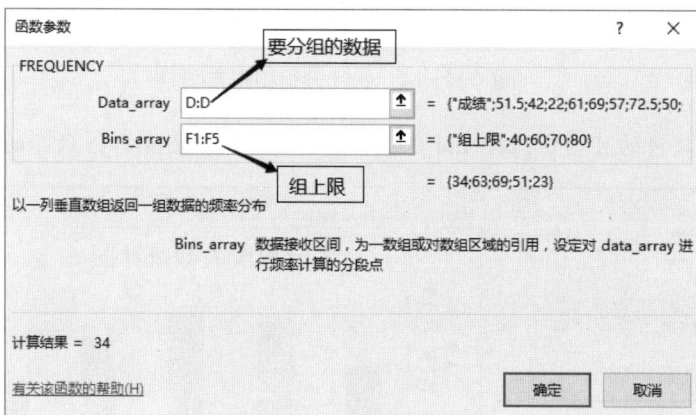

图 4-1-17 函数参数设置

（5）按 Ctrl+Shift+Enter 组合键确认，统计结果如图 4-1-18 所示。

图 4-1-18 统计结果

使用 Frequency 函数分组有以下两个注意事项。

① Frequency 是一个数组函数，所以插入函数之前要选择用于放置统计结果的单元格区域，最后要按 Ctrl+Shift+Enter 组合键确认。

② 和直方图一样，Frequency 函数也只能统计各组的频数，而且统计出的频数也是"含上限"的。

2. Countif 和 Countifs 函数

➢ Countif 函数的功能是统计满足某个条件的单元格个数，使用格式为 Countif(单元格区域,条件)。

➢ Countifs 函数的功能是统计满足多个条件的单元格个数，使用格式为 Countifs(单元格区域 1,条件 1,单元格区域 2,条件 2,…)，其参数个数为偶数（条件数×2）。

例如，可以使用图 4-1-19 所示的公式对"数学成绩"工作表的数据按"40 分以下""40～60 分""60～70 分""70～80 分""80 分以上"进行分组统计。

K	L		K	L
组别	人数		组别	人数
40分以下	=COUNTIF(D:D,"<40")		40分以下	31
40～60分	=COUNTIFS(D:D,">=40",D:D,"<60")		40～60分	64
60～70分	=COUNTIFS(D:D,">=60",D:D,"<70")		60～70分	68
70～80分	=COUNTIFS(D:D,">=70",D:D,"<80")		70～80分	51
80分以上	=COUNTIF(D:D,">=80")		80分以上	26

图 4-1-19　用 Countif、Countifs 函数分组统计频数

Countif 和 Countifs 函数也只能统计各组的频数。如果要统计各组的总和或平均数，可以使用 Sumif、Sumifs、Average、Averageifs 函数实现，有兴趣的读者可以自行尝试。

(4.2) 描述性统计

描述性统计主要指对数据进行规模分析、集中趋势分析、离散度分析和分布形态分析。常用的方法有两种：一是使用 Excel 内置函数，二是使用 Excel "数据分析"之"描述统计"工具。

4.2.1　规模分析

能反映数据规模的指标主要是**标志总量**和**单位总量**，所以规模分析就是计算数据的标志总量和单位总量。

4.2.1.1　样本数据的规模分析

样本数据就是未分组的数据，样本数据通常用 Sum 函数计算**标志总量**，用 Count 函数计算**单位总量**。

例 1：在"描述性统计.xlsx"文件的"捐款登记"工作表中，用公式"=SUM(B:B)"计算总捐款金额，用公式"=COUNT(B:B)"计算总捐款人数，如图 4-2-1 和图 4-2-2 所示。

D1　=SUM(B:B)

	A	B	C	D
1	姓名	捐款金额/元	总捐款金额（标志总量）:	16710
2	陈晗	800		
3	邓小峰	200		
4	丁敏	60		
5	杜媛媛	30		
6	段德鹏	380		

图 4-2-1　用 Sum 函数计算标志总量

D2　=COUNT(B:B)

	A	B	C	D
1	姓名	捐款金额/元	总捐款金额（标志总量）:	16710
2	陈晗	800	总捐款人数（单位总量）:	80
3	邓小峰	200		
4	丁敏	60		
5	杜媛媛	30		
6	段德鹏	380		

图 4-2-2　用 Count 函数计算单位总量

4.2.1.2　分组数据的规模分析

如果给定的数据是分组数据，则根据数学公式 $\sum x_i f_i$ 计算**标志总量**，根据 $\sum f_i$ 计算**单位总量**。

因为函数 Sumproduct(数组 1,数组 2,…)的功能是计算两组或多组数据的对应乘积之和，因此在 Excel 中，常用 Sumproduct 函数计算 $\sum x_i f_i$，用 Sum 函数计算 $\sum f_i$。

例 2：在“捐款统计”工作表中，用公式“=SUMPRODUCT(B3:B7,C3:C7)”计算总捐款金额，用公式“=SUM(C3:C7)”计算总捐款人数，如图 4-2-3 和图 4-2-4 所示。

B8　=SUMPRODUCT(B3:B7,C3:C7)

	A	B	C
1	捐款统计表		
2		金额x/元	人数f/人
3	分组	10	20
4		20	60
5		50	90
6		100	40
7		200	10
8	合计	11900	220

图 4-2-3　用 Sumproduct 函数计算 $\sum x_i f_i$

C8　=SUM(C3:C7)

	A	B	C
1	捐款统计表		
2		金额x/元	人数f/人
3	分组	10	20
4		20	60
5		50	90
6		100	40
7		200	10
8	合计	11900	220

图 4-2-4　用 Sum 函数计算 $\sum f_i$

4.2.2　集中趋势分析

集中趋势分析就是寻找并计算某个指标来反映总体的**一般水平**，常用的指标有**平均数**、**中位数**和**众数**。

4.2.2.1　平均数

在第 1 章中，我们学习了 3 种平均数：算术平均数、几何平均数、调和平均数。描述性统计通常是计算**算术平均数**。

一、样本数据的算术平均数

样本数据的算术平均数直接用 Average 函数计算。例如在“捐款登记”工作表中，用公式“=AVERAGE(B:B)”计算人均捐款，如图 4-2-5 所示。

D3　=AVERAGE(B:B)

	A	B	C	D
1	姓名	捐款金额/元	总捐款金额（标志总量）:	16710
2	陈晗	800	总捐款人数（单位总量）:	80
3	邓小峰	200	人均捐款（算术平均数）:	208.875
4	丁敏	60		
5	杜媛媛	30		
6	段德鹏	380		
7	范建棚	150		

图 4-2-5　用 Average 函数求算术平均数

二、分组数据的算术平均数

◆ 对于单项式分组，可以灵活运用 $\dfrac{\sum x_i f_i}{\sum f_i}$ 求算术平均数。

例 3：在“捐款统计”工作表中，可以用公式“=B8/C8”计算人均捐款，也可以用公式“=SUMPRODUCT(B3:B7,C3:C7)/SUM(C3:C7)”计算人均捐款，如图 4-2-6 所示。

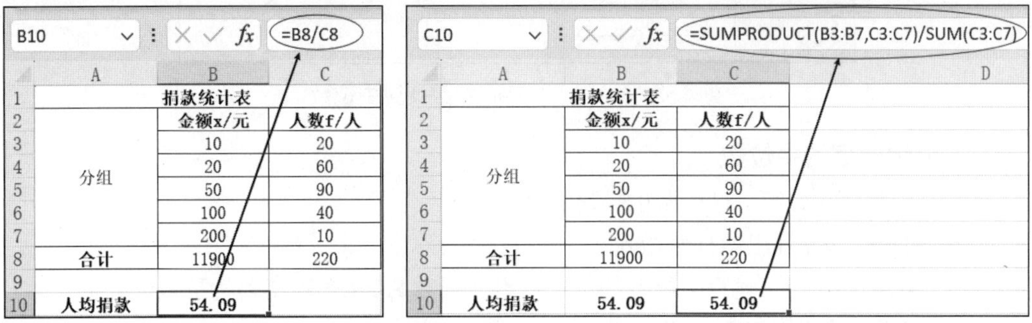

B10 =B8/C8

	A	B	C
1	捐款统计表		
2	分组	金额x/元	人数f/人
3		10	20
4		20	60
5		50	90
6		100	40
7		200	10
8	合计	11900	220
9			
10	人均捐款	54.09	

C10 =SUMPRODUCT(B3:B7,C3:C7)/SUM(C3:C7)

	A	B	C	D
1	捐款统计表			
2	分组	金额x/元	人数f/人	
3		10	20	
4		20	60	
5		50	90	
6		100	40	
7		200	10	
8	合计	11900	220	
9				
10	人均捐款	54.09	54.09	

图 4-2-6　灵活计算单项式分组数据的算术平均数

◆ 对于组距式分组数据，先增加一列计算每一组的组中值 x_i，再按单项式分组的方法计算算术平均数。

例 4：“成绩统计”工作表中是某次考试成绩分组统计情况，计算此次考试的平均分。

操作步骤如下。

（1）增加一列，计算各组的组中值 x，如图 4-2-7 所示。

（2）用公式“=SUMPRODUCT(B3:B7,C3:C7)/SUM(B3:B7)”计算平均分，如图 4-2-8 所示。

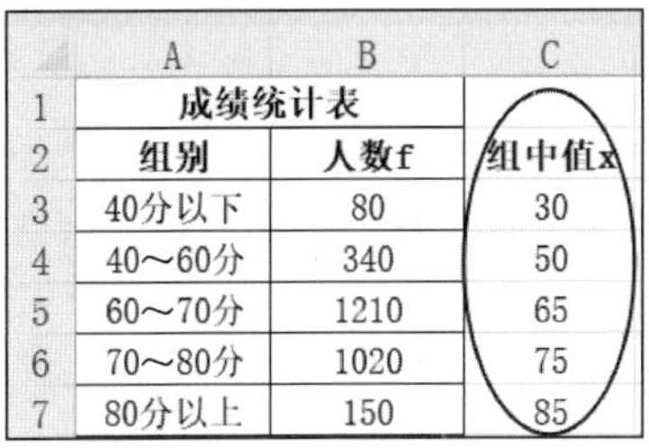

	A	B	C
1	成绩统计表		
2	组别	人数f	组中值x
3	40分以下	80	30
4	40～60分	340	50
5	60～70分	1210	65
6	70～80分	1020	75
7	80分以上	150	85

图 4-2-7　计算组中值 x

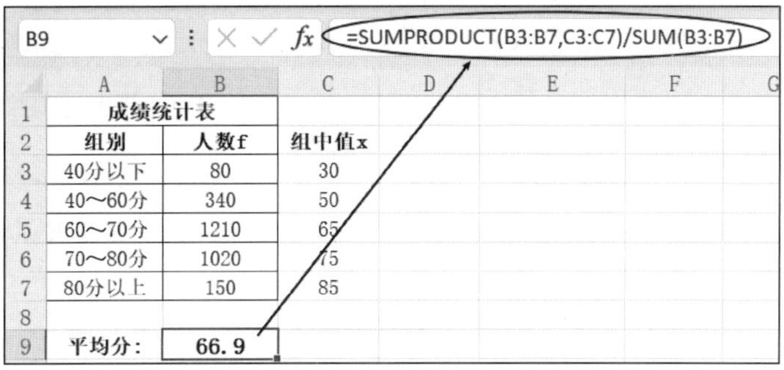

B9 =SUMPRODUCT(B3:B7,C3:C7)/SUM(B3:B7)

	A	B	C
1	成绩统计表		
2	组别	人数f	组中值x
3	40分以下	80	30
4	40～60分	340	50
5	60～70分	1210	65
6	70～80分	1020	75
7	80分以上	150	85
8			
9	平均分：	66.9	

图 4-2-8　计算组距式分组数据的算术平均数

4.2.2.2　中位数

中位数是指将总体各单位的标志值按大小顺序排列时位于数列中间位置的数据。如果有偶数个数据，则取中间两个数的平均数。中位数用 Me（Median）表示。

一、样本数据的中位数

◆ 在 Excel 中，样本数据的中位数用 Median 函数计算。

例 5：在“捐款登记”工作表中，用公式“=MEDIAN(B:B)”计算“捐款金额”的中位数，如图 4-2-9 所示。

D4 =MEDIAN(B:B)

	A	B	C	D
1	姓名	捐款金额/元	总捐款金额（标志总量）:	16710
2	陈晗	800	总捐款人数（单位总量）:	80
3	邓小峰	200	人均捐款（平均数）:	208.875
4	丁敏	60	中位数:	125
5	杜媛媛	30		
6	段德鹏	380		
7	范建棚	150		
8	范志刚	380		

图 4-2-9　用 Median 函数计算中位数

二、分组数据的中位数

◆　对于单项式分组，中位数的计算分两步。

① 增加一列计算各组累计频数 S_i。

② 计算(总频数/2)，确定中位数的位置：累计频数 $S_i \geqslant$(总频数/2)就是中位数组。

例 6：计算“年龄统计”工作表的中位数。

操作步骤如下。

（1）在 C2 单元格输入列标题“累计频数 S”，在 C3 单元格使用公式“=SUM($B$3:B3)”计算第 1 组的累计频数，并将 C3 单元格的填充柄向下拖至 C7 单元格，如图 4-2-10 所示。

C3 =SUM($B$3:B3)

	A	B	C
1	××学院新生入学年龄统计		
2	年龄x/周岁	人数f/人	累计频数S
3	17	20	20
4	18	2860	2880
5	19	1680	4560
6	20	250	4810
7	21	18	4828

图 4-2-10　计算累计频数

（2）计算(总频数/2)的值。因为 C7 单元格中是最后一组的累计频数，同时也是分组数据的总频数，所以(总频数/2)=(C7/2)=2414。因为第 2 组的累计频数 2880>2414，所以第 2 组就是中位数组，中位数是 18，如图 4-2-11 所示。

	A	B	C
1	××学院新生入学年龄统计		
2	年龄x/周岁	人数f/人	累计频数S
3	17	20	20
4	18	2860	2880
5	19	1680	4560
6	20	250	4810
7	21	18	4828
8			
9		总频数/2	2414

图 4-2-11　确定单项式分组的中位数

◆　对于组距式分组，计算中位数的第 1 步和单项式分组相同，只是确定了中位数所在组之后，要根据公式 "$M_e = 下限 + \dfrac{\dfrac{总频数}{2} - S_i - 1}{f_i} \times 组距$" 计算中位数。

例7：计算"成绩统计"工作表的中位数。

操作步骤如下。

（1）和单项式分组一样，先增加一列计算累计频数。因为第3组的累计频数1630>1400，所以中位数组为第3组"60~70分"，如图4-2-12所示。

	A	B	C	D	E
1	**成绩统计表**				
2	组别	人数f	组中值x	累计频数S	
3	40分以下	80	30	80	
4	40~60分	340	50	420	
5	60~70分	1210	65	1630	1630>1400，中位数组
6	70~80分	1020	75	2650	
7	80分以上	150	85	2800	

图4-2-12 确定中位数所在组

（2）该组下限为60，组距为10，所以计算中位数的公式为"=60+(B9-D4)/B5*10"，如图4-2-13所示。

B12		fx	=60+(B9-D4)/B5*10		
	A	B	C	D	E
1	**成绩统计表**				
2	组别	人数f	组中值x	累计频数S	
3	40分以下	80	30	80	
4	40~60分	340	50	420	
5	60~70分	1210	65	1630	1630>1400，中位数组
6	70~80分	1020	75	2650	
7	80分以上	150	85	2800	
8					
9	总频数/2	1400			
10					
11	平均分：	66.9			
12	中位数：	68.1			
13	众数：				

图4-2-13 计算组距式分组的中位数

4.2.2.3 众数

众数是指总体中出现次数最多的数据，用M_0（Mode）表示。

众数也可以表明总体的一般水平。例如，要说明消费者需要的服装、鞋帽等的普遍尺码，反映集市、贸易市场某种蔬菜的价格等，都可以通过市场调查、分析，了解哪一尺码的成交量最大，哪一价格的成交量最多。

一、样本数据的众数

◆ 在Excel中，样本数据的众数用Mode函数计算。

例8：在"捐款登记"工作表中，用公式"=MODE(B:B)"计算"捐款金额"的众数，如图4-2-14所示。

图 4-2-14　用 Mode 函数计算众数

二、分组数据的众数

◆　对于单项式分组，频数最大的组就是众数组。如图 4-2-15 所示，第 2 组的频数最大，即为众数组，众数为 18。

图 4-2-15　计算单项式分组数据的众数

◆　对于组距式分组，众数的计算分两步。

① 确定众数所在组：频数最大的组就是众数所在的组。

② 根据公式" $M_o = 下限 + \dfrac{f_i - f_{i-1}}{(f_i - f_{i-1}) + (f_i - f_{i+1})} \times 组距$ "计算众数。

例9：在"成绩统计"工作表中，频数 1210 最大，所以众数组为"60～70分"组，该组下限为 60，组距为 10。为了简化运算，先在 G4 单元格计算 $f_i - f_{i-1}$，在 G6 单元格计算 $f_i - f_{i+1}$，最后在 B13 单元格用公式"=60+G4/(G4+G6)*10"计算众数，如图 4-2-16 所示。

图 4-2-16　计算组距式分组数据的众数

从理论上分析，如果是非等距分组，频数最大的组未必是众数组，所以应该先计算每组的次数密度（频数/组距），次数密度最大的组才是众数所在组。但本例中，中间组的组距是相等的，众数肯定是在这些组里面，所以就没必要计算次数密度了。

4.2.3 离散度分析

离散度分析就是寻找并计算一个指标来反映数据的波动幅度（也叫离散程度），常用的指标有**极差、四分位差、方差、标准差、标准差系数**。

这些指标有一个共性：数值越小，说明数据波动幅度越小，数据越平稳，平均数越具备代表性；数值越大，说明数据的波动幅度越大，也就是离散程度越大，平均数越不具备代表性。

4.2.3.1 极差

对于一组统计数据 $x_1, x_2, x_3, x_4, \cdots, x_n$，极差=最大值-最小值。在 Excel 中，可以用 Max 和 Min 函数完成计算，如图 4-2-17 所示。

G1		f_x =MAX(B:B)-MIN(B:B)				
	A	B	C	D	E	F	G
1	姓名	捐款金额/元	总捐款金额（标志总量）：	16710		极差：	970
2	陈晗	800	总捐款人数（单位总量）：	80		四分位差：	
3	邓小峰	200	人均捐款（平均数）：	208.875		方差：	
4	丁敏	60	中位数：	125		标准差：	
5	杜媛媛	30	众数：	60			
6	段德鹏	380					
7	范建棚	150					
8	范志刚	380					

图 4-2-17　用 Max 和 Min 函数的计算极差

极差的计算只用到最大值和最小值，因此极差虽然能反映统计数据的波动范围和离散程度，但不能充分反映全体数据的实际离散程度。

4.2.3.2 四分位差

对于一组统计数据 $x_1, x_2, x_3, x_4, \cdots, x_n$，把数值从小到大排列并分成四等份，处于分割点位置的数值称为四分位数（Quartile）。

在 Excel 中，用 Quartile.inc(样本数据,四分位序号)函数计算四分位数，其中四分位序号取 0、1、2、3、4。序号为 0 即最小值，序号为 2 即中位数，序号为 4 即最大值，所以通常说的四分位数是指第 1 四分位数（Q1）和第 3 四分位数（Q3）。

四分位差=第 3 四分位数–第 1 四分位数=Q3-Q1。

例 10：在"捐款登记"工作表中，用公式"=QUARTILE.INC (B:B,3)-QUARTILE.INC (B:B,1)"计算 B 列数据的四分位差，如图 4-2-18 所示。

四分位差反映中间 50%数据的离散程度，四分位差越小，说明中间的数据越集中。四分位差不受极值影响，因此在某种程度上弥补了极差的缺陷。

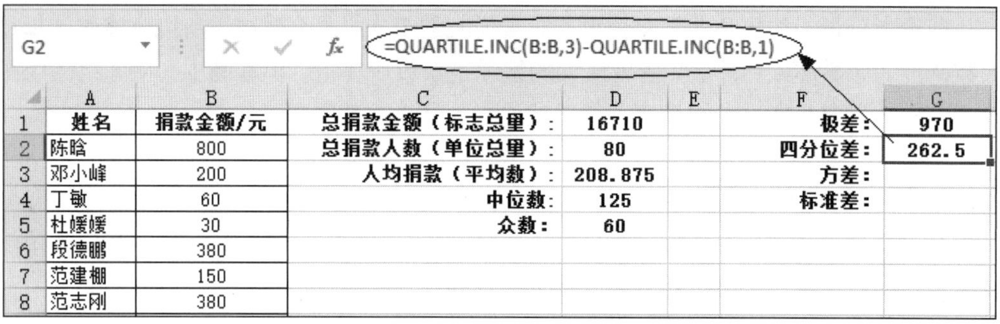

图 4-2-18　用 Quartile.inc 函数计算四分位差

4.2.3.3　方差

对于一组统计数据 $x_1, x_2, x_3, x_4, \cdots, x_n$，如果数据是一个总体，其方差 $\sigma^2 = \dfrac{\sum (x_i - \bar{x})^2}{n}$，对应的 Excel 函数为 Var.p；如果数据是总体的一个样本，其方差 $s^2 = \dfrac{\sum (x_i - \bar{x})^2}{n-1}$，对应的 Excel 函数为 Var.s。

例 11：在"捐款登记"工作表中，用公式"=VAR.P(B:B)"计算 B 列数据的方差，如图 4-2-19 所示。

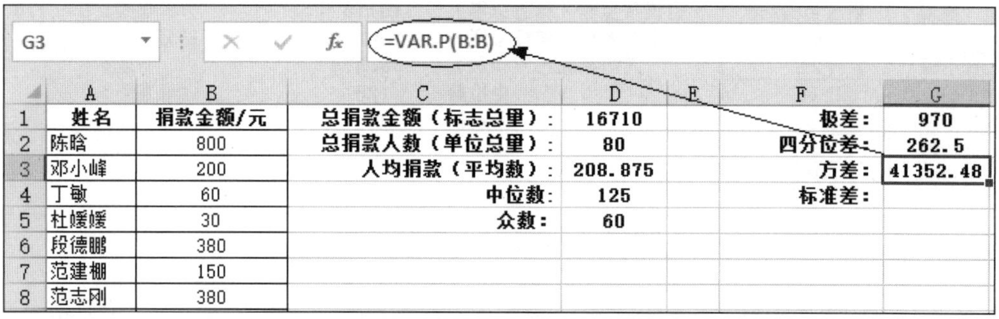

图 4-2-19　用 Var.p 函数计算样本方差

计算方差的过程中，用到了每一个数据与平均数差的平方，因此方差能反映每一个数据与平均数的偏离程度，弥补了极差、四分位差的不足；但平方运算一方面会导致方差的值比原始数据大或小很多，另一方面方差的量纲是原来的平方，不便于和原数据比较和解释。

4.2.3.4　标准差

对于一组统计数据 $x_1, x_2, x_3, x_4, \cdots, x_n$，如果数据是一个总体，其标准差 $\sigma = \sqrt{\dfrac{\sum (x_i - \bar{x})^2}{n}}$，对应的 Excel 函数为 Stdev.p；如果数据是总体的一个样本，其标准差 $s = \sqrt{\dfrac{\sum (x_i - \bar{x})^2}{n-1}}$，对应的 Excel 函数为 Stdev.s。

例 12：在"捐款登记"工作表中，用公式"=STDEV.P(B:B)"计算 B 列数据的标准差，如图 4-2-20 所示。

图 4-2-20 用 Stdev.p 函数计算样本标准差

例 13： 在"成绩比较 1"工作表中，哪个班的成绩波动幅度更小？

在 F2 单元格用公式"=AVERAGE(B:B)"计算班级 1 的平均数，在 F3 单元格用公式"=STDEV.S(B:B)"计算班级 1 的标准差，将 F2:F3 单元格区域的填充柄向右拖，以计算班级 2 的平均数和标准差，如图 4-2-21 所示。

图 4-2-21 计算平均数、标准差（1）

从图 4-2-21 可以看出，班级 1 的标准差（6.52）小于班级 2 的标准差（11.95），所以班级 1 的成绩波动幅度更小，平均数更具代表性。

4.2.3.5 标准差系数

例 14： 在"成绩比较 2"工作表中，数学成绩与物理成绩哪个波动幅度更小？

在 F2 单元格用公式"=AVERAGE(B:B)"计算数学成绩的平均数，在 F3 单元格用公式"=STDEV.S(B:B)"计算数学成绩的标准差，将 F2:F3 单元格区域的填充柄向右拖，以计算物理成绩的平均数和标准差，如图 4-2-22 所示。

图 4-2-22 计算平均数、标准差（2）

从图 4-2-22 可以看出，数学成绩的标准差（9.74）大于物理成绩的标准差（8.19）。虽然前面说标准差越大，数据的波动幅度越大，但这里数学的满分是 150 分，而物理的满分是 100 分，二者的波动幅度就不能简单地通过标准差的绝对大小来比较了，而应该用标准差系数来比较。

标准差系数又称变异系数、离散系数。

$$标准差系数 = \frac{标准差}{平均数}$$

标准差系数通过将标准差除以平均数来消除不同数据集的量纲差异，使得不同数据集之间的离散程度可以进行比较。

标准差系数作为一种相对指标，有助于我们更好地理解和分析数据的分布情况，特别是在需要比较不同规模或不同单位的数据集时，其应用尤为重要。

因此我们在 F4 单元格用公式"=F2/F3"计算标准差系数，并将 F4 单元格的填充柄向右拖到 G4 单元格，结果如图 4-2-23 所示。

	F4		$\times$ $\checkmark$ fx	=F3/F2					
	A	B	C	D		E	F	G	H
1	序号	数学（满分150）	物理（满分100）				数学	物理	
2	01	113	64			平均	122.2	82.35555556	
3	02	112	80			标准差	9.741196492	8.191335654	
4	03	105	66			标准差系数	0.079715192	0.099463061	
5	04	108	68						
6	05	135	87				数学成绩波动幅度更小		
7	06	109	85						

图 4-2-23　计算标准差系数

从图 4-2-23 可知，数学成绩的标准差系数小于物理成绩的标准差系数，所以我们认为数学成绩的波动幅度更小。

4.2.4　分布形态分析

要全面掌握总体的特点，还要了解数据的分布形态。数据的分布形态可以从 3 个方面考虑：次数分布的类型、分布的对称性——偏度、分布的陡峭度——峰度。

4.2.4.1　次数分布

在统计分组的基础上，将总体中所有单位按组归类整理，形成总体中各单位数在各组间的分配，叫次数分布。

各种不同性质的总体都有着特殊的次数分布，概括起来主要有钟形分布、U 形分布和 J 形分布，如图 4-2-24、图 4-2-25、图 4-2-26 所示。

（1）钟形分布。

当次数分布出现两端次数较少、中间次数较多的状态时，所绘制的曲线就像一口钟，所以叫钟形分布。

钟形分布有对称分布和非对称分布两种。对称分布（即正态分布）的特征是中间变量值分布得最多，两侧变量值随着与中间变量值距离的增大而逐渐减少，并且围绕中心变量值两端呈对称分布，如图 4-2-27 所示。

非对称的钟形分布又分左偏分布和右偏分布两种。左偏分布的平均数在峰值的左边，右偏分布的平均数在峰值的右边，如图 4-2-28 和图 4-2-29 所示。

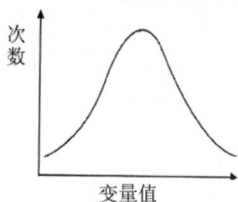

图 4-2-24　钟形分布　　图 4-2-25　U 形分布　　图 4-2-26　J 形分布

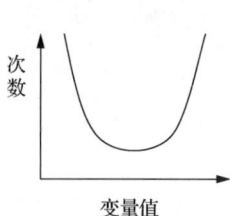

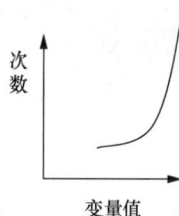

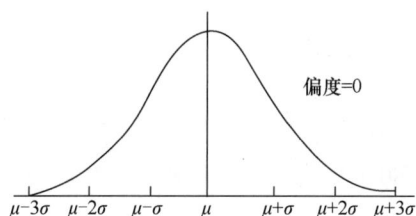

图 4-2-27　正态分布　　图 4-2-28　左偏分布　　图 4-2-29　右偏分布

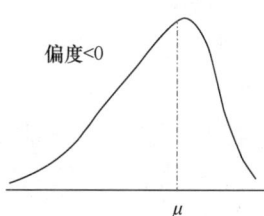

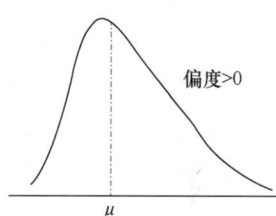

（2）U 形分布。

当次数分布出现两端次数较多、靠近中间次数较少的状态时，所绘制的曲线如同英文字母"U"一样，所以叫 U 形分布。有些总体的分布表现为 U 形分布，如不同年龄人口死亡率。

（3）J 形分布。

J 形分布有两种，一种是正 J 形分布，另一种是反 J 形分布。当次数随着变量值的增大而增多时，绘制的曲线就像英文字母"J"，所以叫正 J 形分布。当次数随着变量值的增大而减少时，绘制的曲线就如反写的英文字母"J"，所以叫反 J 形分布。

例如，老年人口死亡率按年龄分布、按患肺癌率分布、按日吸烟支数分布等，都服从正 J 形分布；而儿童死亡率按年龄分布、按肥胖率分布、按日活动量分布等，都服从反 J 形分布。

4.2.4.2　偏度

偏度也称偏态，是对数据分布偏斜方向和偏斜程度的测定。

数学上，偏度的计算公式为：

$$\text{SKEW} = \frac{n}{(n-1)(n-2)} \sum \left(\frac{x_i - \bar{x}}{s} \right)^3$$

在 Excel 中，可以用 SKEW 函数计算偏度。例如在"捐款登记"工作表中，可以用公式"=SKEW(B:B)"计算偏度，如图 4-2-30 所示。

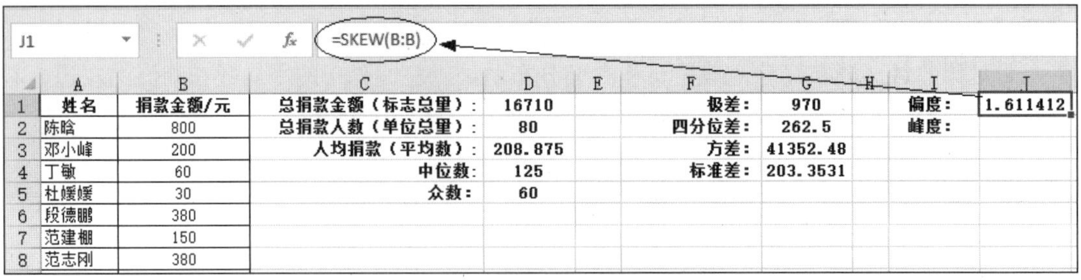

J1 =SKEW(B:B)

	A	B	C	D	E	F	G	H	I	J
1	姓名	捐款金额/元	总捐款金额（标志总量）:	16710		极差:	970		偏度:	1.611412
2	陈晗	800	总捐款人数（单位总量）:	80		四分位差:	262.5		峰度:	
3	邓小峰	200	人均捐款（平均数）:	208.875		方差:	41352.48			
4	丁敏	60	中位数:	125		标准差:	203.3531			
5	杜媛媛	30	众数:	60						
6	段德鹏	380								
7	范建棚	150								
8	范志刚	380								

图 4-2-30　用 Skew 函数计算偏度

◆ 偏度=0 时，称无偏分布，数据呈标准的正态分布，如图 4-2-27 所示。

◆ 偏度＜0 时，数据向负向偏移，所以称负偏分布。从分布形态看，左侧形成一个长尾，也称左偏分布，如图 4-2-28 所示。

◆ 偏度＞0 时，数据向正向偏移，所以称正偏分布。从分布形态看，右侧形成一个长尾，也称右偏分布，如图 4-2-29 所示。

从图 4-2-30 可知，捐款金额的次数分布的偏度为 1.61，大于零（正偏分布），说明大多数人的捐款金额大于平均数。这也解释了为什么虽然捐 60 元的人最多，但平均捐款金额却是 209 元，远远超过众数 60 元。

4.2.4.3　峰度

峰度是指分布集中趋势高峰的形状，用于描述分布的平缓或陡峭程度。

数学上，峰度的计算公式为：

$$\mathrm{KURT}=\frac{n(n+1)}{(n-1)(n-2)(n-3)}\sum\left(\frac{x_i-\bar{x}}{s}\right)^4-\frac{3(n-1)^2}{(n-2)(n-3)}$$

在 Excel 中，可以用 KURT 函数计算峰度。例如在“捐款登记”工作表中，用公式“=KURT(B:B)”计算峰度，如图 4-2-31 所示。

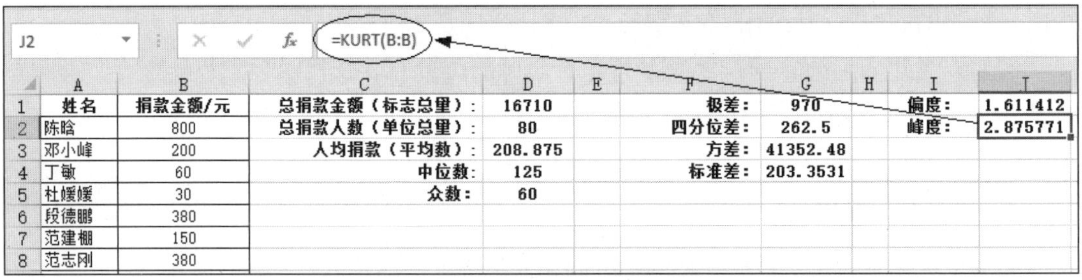

J2 =KURT(B:B)

	A	B	C	D	E	F	G	H	I	J
1	姓名	捐款金额/元	总捐款金额（标志总量）:	16710		极差:	970		偏度:	1.611412
2	陈晗	800	总捐款人数（单位总量）:	80		四分位差:	262.5		峰度:	2.875771
3	邓小峰	200	人均捐款（平均数）:	208.875		方差:	41352.48			
4	丁敏	60	中位数:	125		标准差:	203.3531			
5	杜媛媛	30	众数:	60						
6	段德鹏	380								
7	范建棚	150								
8	范志刚	380								

图 4-2-31　用 Kurt 函数计算峰度

◆ 正态分布的峰度=0。

◆ 峰度＞0，说明分布的形状比较陡峭，比正态分布更高更瘦，称为高峰态。

◆ 峰度＜0，说明分布的形状比较平缓，比正态分布更矮更胖，称为低峰态，如图 4-2-32 所示。

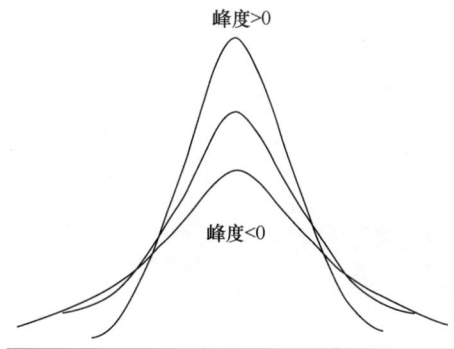

图 4-2-32　峰度比较

4.2.5　描述统计工具运用

除了用函数计算描述性指标外，还可以用 Excel 中的"数据分析"之"描述统计"工具快速完成各项描述性指标的计算。

例 15： 打开"描述性统计.xlsx"文件的"捐款登记"工作表，用"描述统计"工具计算"捐款金额"的各项描述性统计指标。

（1）单击"数据"|"数据分析"按钮，打开"数据分析"对话框，选择"描述统计"选项，单击"确定"按钮，如图 4-2-33 所示。

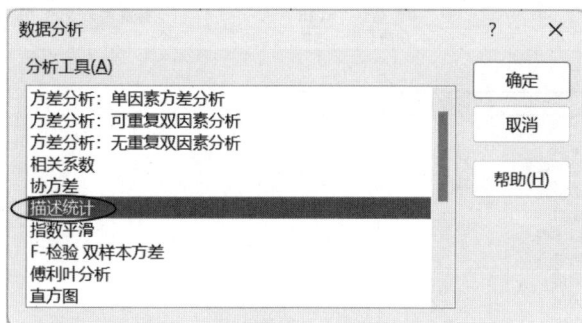

图 4-2-33　"数据分析"之"描述统计"

（2）在"描述统计"对话框中设置输入区域（选择整个 B 列，自动显示成绝对引用$B:$B）、输出区域（选择起点 C8，自动显示成绝对引用$C$8），再勾选"标志位于第一行""汇总统计"复选项，如图 4-2-34 所示。

（3）单击"确定"按钮，描述统计结果如图 4-2-35 所示。

注意，图 4-2-35 统计结果中的方差与标准差与前面用 Var.p 和 Stdev.p 函数计算的结果不同，因为其对应的是 Var.s 和 Stdev.s 函数结果。另外，统计结果还有一项指标"标准误差"，标准误差用来衡量抽样误差，标准误差越小，表明样本统计量与总体参数的值越接近，样本对总体越有代表性，用样本统计量推断总体参数的可靠度越大，因此，标准误差是反映统计推断可靠性的指标。

$$标准误差=\sqrt{\frac{\sum\left(x_i-\overline{x}\right)^2}{n\left(n-1\right)}}=\frac{\sigma}{\sqrt{n-1}}=\frac{s}{\sqrt{n}}$$

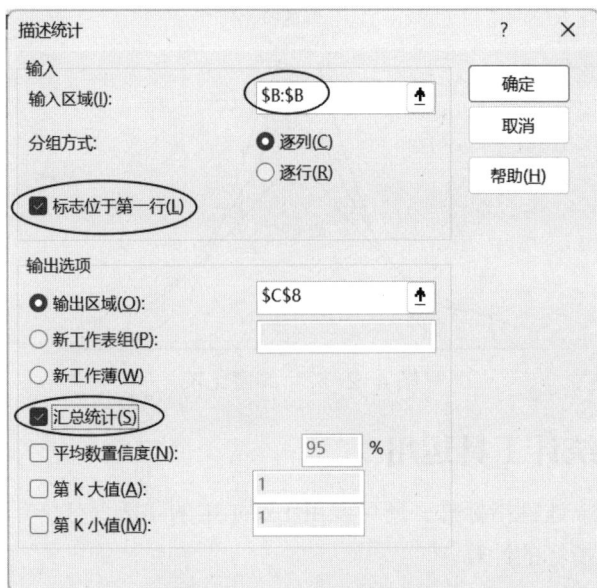

图 4-2-34 描述统计设置

图 4-2-35 描述统计结果

4.3 动态数列的分析与预测

动态数列是指将总体在不同时间上的指标数值按时间先后排列而成的序列，又叫**时间数列**。

为了方便起见，动态数列经常以表格的形式展现，如表 4-3-1 所示。

表 4-3-1 动态数列的形式

时间	t_0	t_1	t_2	t_3	……
指标数值（水平值）	a_0	a_1	a_2	a_3	……

动态数列有两个基本要素：时间 t 和水平值 a。

4.3.1 动态数列的速度指标

动态数列常用的速度指标有发展速度、总发展速度、平均发展速度、增长速度和平均增长速度。

1. 发展速度

研究动态数列时，如果要对两个不同时期的水平值进行对比，那么分析研究时期的水平值叫**报告期水平**，对比基础时期的水平值叫**基期水平**。

$$发展速度 = \frac{报告期水平}{基期水平} \times 100\%。$$

根据基期的不同，发展速度分成以下 3 种。

（1）**定基**发展速度：基期为某一固定时期（如 a_0），表示为 $\frac{a_n}{a_0}$。

（2）**环比**发展速度：基期为上一期，表示为 $\frac{a_n}{a_{n-1}}$。

（3）**同比**发展速度：基期为上年同期，表示为 $\frac{报告期水平}{上年同期水平}$。

> 📖 **注意**
>
> 期的单位可以是年、月、周、天，也可以是小时、分、秒、毫秒。当发展速度＞100%时，表示总体在增加；当发展速度＜100%时，表示总体在减少。

例1："动态数列分析.xlsx"文件的"发展速度"工作表中列出了中国新能源汽车 2018—2023 年销量统计，如图 4-3-1 所示。请计算历年的环比发展速度、定基发展速度。

	A	B	C	D	E	F	G
1	中国新能源汽车销量统计（2018—2023年）						
2	年份	2018	2019	2020	2021	2022	2023
3	销量/万辆	125.6	120.6	136.73	352.05	688.66	949.52
4	环比发展速度						
5	定基发展速度						

图 4-3-1 中国新能源汽车 2018—2023 年销量统计

（1）计算环比发展速度。

2018 年不存在环比发展速度，2019 年的环比发展速度 $= \dfrac{2019 \text{ 年的销量}}{2018 \text{ 年的销量}} = \dfrac{C3}{B3}$。

所以在 C4 单元格中使用公式"=C3/B3"计算 2019 年的环比发展速度，算好后将其设置为百分数形式，然后拖动 C4 单元格的填充柄到 G4 单元格，计算出每年的环比发展速度。

（2）计算定基发展速度。

2019 年的定基发展速度 $= \dfrac{2019 \text{ 年的销量}}{2018 \text{ 年的销量}} = \dfrac{C3}{B3}$。

因为每年的定基发展速度的分母都是 2018 年的水平值（B3 单元格的值），所以分母 B3

要用绝对引用。因此在 C5 单元格中使用公式"=C3/\$B\$3"计算 2019 年的定基发展速度，算好后也将其设置为百分数形式，然后拖动 C5 单元格的填充柄到 G5 单元格，计算出每年的定基发展速度。计算结果如图 4-3-2 所示。

	A	B	C	D	E	F	G
1	中国新能源汽车销量统计（2018—2023年）						
2	年份	2018	2019	2020	2021	2022	2023
3	销量/万辆	125.6	120.6	136.73	352.05	688.66	949.52
4	环比发展速度	—	96%	113%	257%	196%	138%
5	定基发展速度	—	96%	109%	280%	548%	756%

图 4-3-2 计算环比发展速度、定基发展速度

2. 总发展速度

总发展速度简称总速度。

顾名思义，总发展速度就是一段时间以来总的发展速度，在数值上应等于最终的水平值除以最初的水平值，即 $\dfrac{a_n}{a_0}$。所以，在上例中，2019—2023 年的总发展速度就是 2023 年的定基发展速度 756%。

又因为 $\dfrac{a_n}{a_0} = \dfrac{a_1}{a_0} \times \dfrac{a_2}{a_1} \times \dfrac{a_3}{a_2} \times \cdots \times \dfrac{a_n}{a_{n-1}}$，所以，总发展速度=环比发展速度的乘积。

所以，上例中，总发展速度=96%×113%×257%×196%×138%≈754%。

在 Excel 中，可以用 Product 函数计算 n 个数的连乘积。所以，上例可以用公式"=PRODUCT(C4:G4)"计算总发展速度，如图 4-3-3 所示。

B6				$\checkmark$ f_x	=PRODUCT(C4:G4)		
	A	B	C	D	E	F	G
1	中国新能源汽车销量统计（2018—2023年）						
2	年份	2018	2019	2020	2021	2022	2023
3	销量/万辆	125.6	120.6	136.73	352.05	688.66	949.52
4	环比发展速度	—	96%	113%	257%	196%	138%
5	定基发展速度	—	96%	109%	280%	548%	756%
6	总发展速度	754%					

图 4-3-3 用 Product 函数计算总发展速度

3. 平均发展速度

数学上，我们把 n 个数的乘积开 n 次方根，叫作这 n 个数的**几何平均数**。所以，平均发展速度=环比发展速度的几何平均数。

$$\text{平均发展速度}\ \overline{x} = \sqrt[n]{\frac{a_n}{a_0}} = \sqrt[n]{\frac{a_1}{a_0} \times \frac{a_2}{a_1} \times \frac{a_3}{a_2} \times \cdots \times \frac{a_n}{a_{n-1}}}$$

在 Excel 中，可以用 Geomean 函数计算 n 个数的几何平均数。所以上例可以用公式"=GEOMEAN(C4:G4)"计算平均发展速度，如图 4-3-4 所示。

如果条件没有给出环比发展速度，只给出了总发展速度，那么平均发展速度就等于总发展速度开 n 次方根。

图 4-3-4 用 Geomean 函数计算平均发展速度

例 2：已知某网店 2020 年的销售额仅为 20 万元，2021 年开始搞直播销售，销量逐年快速增长，2023 年的销售额已达 500 万元，求该网店开展直播销售这几年的平均发展速度。

解：总发展速度 $=\dfrac{a_n}{a_0}=\dfrac{500}{20}=25=2500\%$

平均发展速度 $=\sqrt[3]{\dfrac{a_n}{a_0}}=\sqrt[3]{25}\approx 2.92=292\%$

在 Excel 中，计算 $\sqrt[3]{25}$ 可以用公式"=25^(1/3)"或"=POWER（25,1/3）实现。

4. 增长速度

增长速度的计算公式为：

$$增长速度=\frac{报告期水平-基期水平}{基期水平}=发展速度-1$$

根据基期的不同，增长速度也分**定基、环比、同比** 3 种。

（1）定基增长速度 $=\dfrac{a_n-a_0}{a_0}$ =定基发展速度-1；

（2）环比增长速度 $=\dfrac{a_n-a_{n-1}}{a_{n-1}}$ =环比发展速度-1；

（3）同比增长速度 $=\dfrac{报告期水平-上年同期水平}{上年同期水平}$ =同比发展速度-1。

例 3：2022—2023 年国内新能源汽车的销量统计资料如图 4-3-5 所示，请计算每个月的"发展速度"和"增长速度"。数据源于"动态数列分析.xlsx"文件的"增长速度"工作表。

图 4-3-5 2022—2023 年国内新能源汽车的销量统计资料

操作步骤如下。

（1）在 C3 单元格中用公式"=B3/B2"计算 2022 年 2 月的环比发展速度，并将其设置为百分数形式，然后拖动 C3 单元格的填充柄向下填充到 C25 单元格。

（2）在 D14 单元格中用公式"=B14/B2"计算 2023 年 1 月的同比发展速度，并将其设置为百分数形式，然后拖动 D14 单元格的填充柄向下填充到 D25 单元格。

（3）在 E3 单元格中用公式"=C3-1"计算 2022 年 2 月的环比增长速度，并将其设置为百分数形式，然后拖动 E3 单元格的填充柄向下填充到 E25 单元格。

（4）在 F14 单元格中用公式"=D14-1"计算 2023 年 1 月的同比增长速度，并将其设置为百分数形式，然后拖动 F14 单元格的填充柄向下填充到 F25 单元格。最终结果如图 4-3-6 所示。

	A	B	C	D	E	F
1	时间	销量/万辆	环比发展速度	同比发展速度	环比增长速度	同比增长速度
2	2022年1月	43.1				
3	2022年2月	34.2	79%		-21%	
4	2022年3月	48.4	142%		42%	
5	2022年4月	30.9	64%		-36%	
6	2022年5月	45.1	146%		46%	
7	2022年6月	58.2	129%		29%	
8	2022年7月	59.3	102%		2%	
9	2022年8月	66.1	111%		11%	
10	2022年9月	70.8	107%		7%	
11	2022年10月	71.4	101%		1%	
12	2022年11月	78.2	110%		10%	
13	2022年12月	81.5	104%		4%	
14	2023年1月	40.8	50%	95%	-50%	-5%
15	2023年2月	53	130%	155%	30%	55%
16	2023年3月	66.2	125%	137%	25%	37%
17	2023年4月	64	97%	207%	-3%	107%
18	2023年5月	71.6	112%	159%	12%	59%
19	2023年6月	80.6	113%	138%	13%	38%
20	2023年7月	78	97%	132%	-3%	32%
21	2023年8月	84.5	108%	128%	8%	28%
22	2023年9月	91	108%	129%	8%	29%
23	2023年10月	95.5	105%	134%	5%	34%
24	2023年11月	102.5	107%	131%	7%	31%
25	2023年12月	119	116%	146%	16%	46%

图 4-3-6　通过发展速度计算增长速度

5．平均增长速度

平均增长速度的计算公式为：

平均增长速度=平均发展速度-1

特别注意：平均增长速度不等于增长速度的算术平均数，也不等于增长速度的几何平均数。

例 4：已知某公司 2019—2023 年固定资产投资额环比增长速度资料如图 4-3-7 所示，请计算这 5 年的平均增长速度。数据源于"动态数列分析.xlsx"文件的"增长速度"工作表。

	H	I	J	K	L	M
	某公司2019—2023年固定资产投资					
年份		2019	2020	2021	2022	2023
环比增长速度		17%	20%	5%	12%	18%

图 4-3-7　某公司 2019—2023 年固定资产投资额环比增长速度资料

第 1 种错误：平均增长速度=AVERAGE(I3:M3)=14.40%。

第 2 种错误：平均增长速度=GEOMEAN(I3:M3)=12.97%。

正确解法是先根据环比增长速度计算环比发展速度，然后利用环比发展速度计算平均发展速度，再用平均发展速度减 1，如图 4-3-8 所示。

图 4-3-8　平均增长速度=平均发展速度-1

4.3.2　利用趋势线方程预测

动态数列的发展总是会呈现一定的规律，根据规律就可以对未来的发展做一定的预测。利用趋势线方程对数据进行预测是最简单、有效的方法之一。具体步骤如下。

（1）绘制散点图。

（2）根据散点图的分布规律添加趋势线及方程。

（3）根据趋势线方程预测数据。

例 5： 在 "发展速度" 工作表中，利用趋势线方程预测 2024 年新能源汽车的销量。

操作步骤如下。

（1）**插入散点图**。选择 "发展速度" 工作表中的 A3:G3 单元格区域，插入散点图，如图 4-3-9 所示。

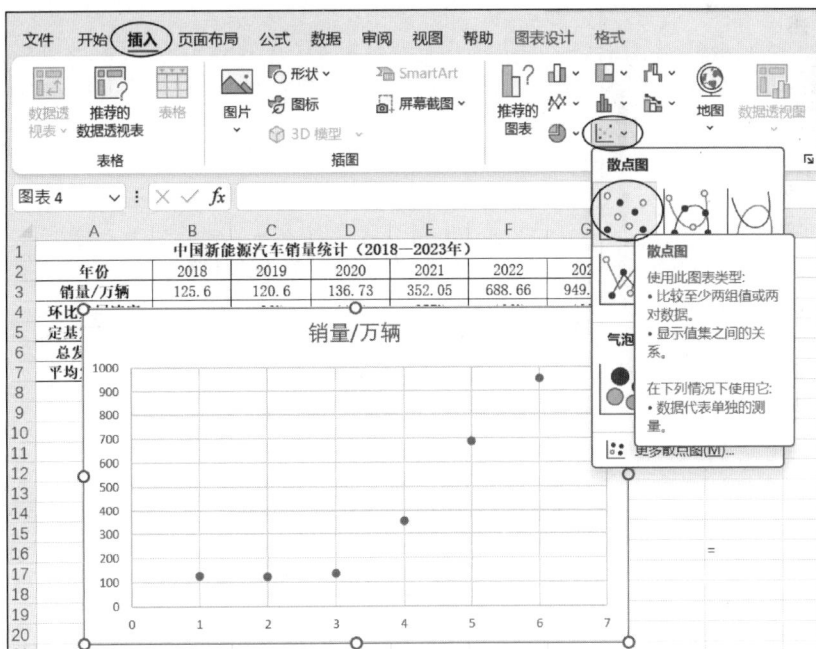

图 4-3-9　插入散点图

（2）**添加趋势线**。在某一个数据点上单击鼠标右键，在弹出的快捷菜单中选择"添加趋势线"命令，如图 4-3-10 所示。

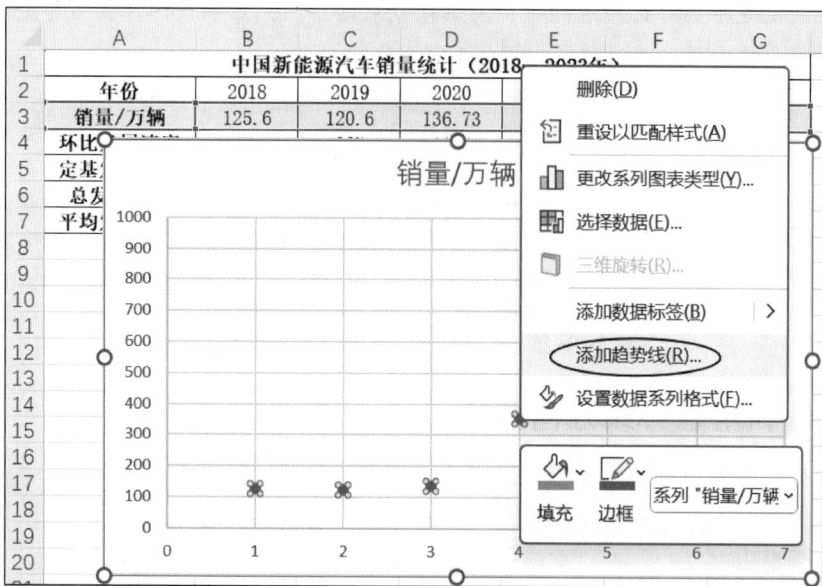

图 4-3-10　添加趋势线

（3）**设置趋势线类型**。因为数据点分布更接近指数函数，所以在"设置趋势线格式"窗格中选择"指数"单选项，勾选"显示公式"复选项，如图 4-3-11 所示。

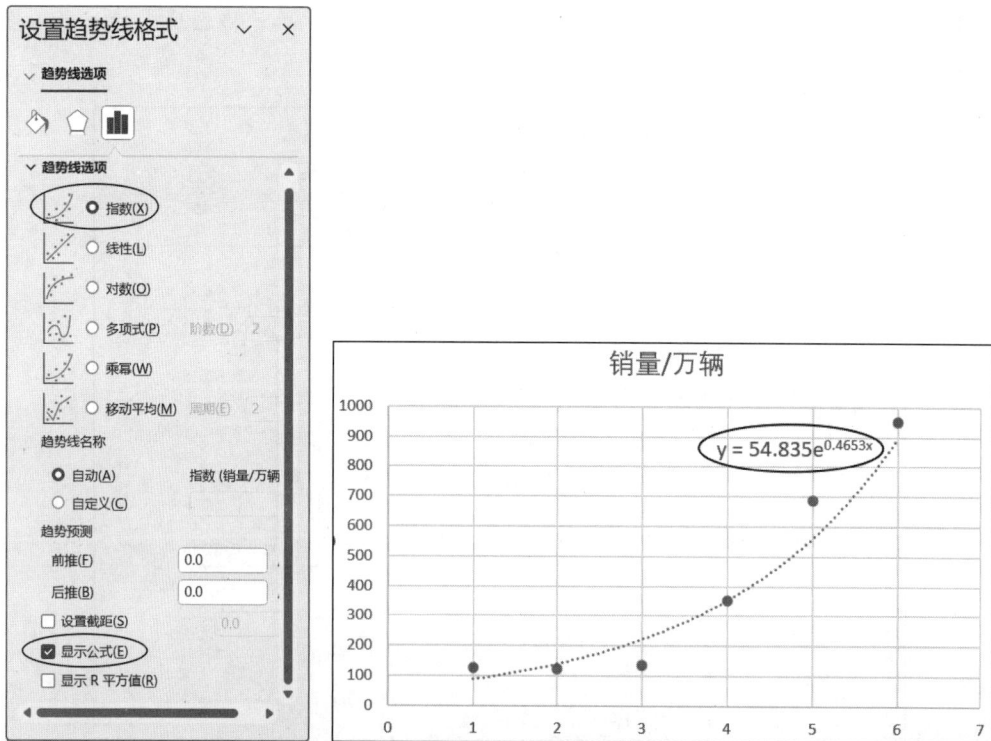

图 4-3-11　添加"指数"趋势线

$y = 54.835e^{0.4653x}$

（4）**预测 2024 年的销量**。趋势线方程 $y = 54.835e^{0.4653x}$ 中自变量 x 为自然数，分别对应 2018 年、2019 年、2020 年等年份。2024 年对应的自变量为 7，所以将 x=7 代入趋势线方程即可计算出 2024 年的预测值，如图 4-3-12 所示。

H3 =54.835*EXP(0.4653*7)

	A	B	C	D	E	F	G	H
1	中国新能源汽车销量统计（2018—2023年）							
2	年份	2018	2019	2020	2021	2022	2023	2024预
3	销量/万辆	125.6	120.6	136.73	352.05	688.66	949.52	1424.29
4	环比发展速度	—	96%	113%	257%	196%	138%	
5	定基发展速度	—	96%	109%	280%	548%	756%	

图 4-3-12　预测 2024 年新能源汽车的销量

4.3.3　同期平均法预测

市场销售中，一些商品（如电风扇、冷饮、四季服装等）往往受季节影响而出现销售的淡季和旺季之分（即季节性变动规律）；再如农牧业生产也是典型的季节性生产，并且影响以农牧业产品为原料的加工工业的生产、商业部门对农牧业产品的购销以及交通运输部门的货运量等，从而使得相应的生产经营也带有季节性。对于这类具有季节性变动的数据，我们常用**同期平均法**进行分析和预测。

同期平均法具体的计算过程为：

（1）根据历年（3 年以上）资料求出同期（季或月）平均数；

（2）求季节指数，计算公式为 $\dfrac{\text{同期平均数}}{\text{历年总平均数（同期平均数的平均数）}} \times 100\%$；

（3）计算各期的预测值，计算公式为上年的平均水平×各期的季节指数。

季节指数是一种相对指标。季节指数的平均数为 100%，季节性变动表现为各季的季节指数围绕着 100%上下波动，大于 100%的为旺季，小于 100%的为淡季。

例 6：某商场 2020—2023 年每月的空调销售量资料如图 4-3-13 所示，请用同期平均法预测 2024 年每月的销售量。数据源于“动态数列分析.xlsx”文件中的“同期平均法”工作表。

	A	B	C	D	E
1	某商场空调销售量/百台				
2	年份 月份	2020	2021	2022	2023
3	1	10	9	12	9
4	2	19	15	12	10
5	3	20	24	20	36
6	4	24	24	18	14
7	5	32	36	36	32
8	6	42	45	46	43
9	7	41	48	57	30
10	8	88	82	88	86
11	9	30	28	26	28
12	10	22	19	22	21
13	11	16	17	17	18
14	12	8	13	16	15

图 4-3-13　某商场空调销售量资料

解：根据图 4-3-13 所示的资料可知，空调销售量随月份的变化呈现有规律的数据波动，所以可用同期平均法做分析和预测，过程如下。

（1）**计算同期平均数**。在 F3 单元格中用公式“=AVERAGE(B3:E3)”计算 1 月份的同期平均数，将 F3 单元格的填充柄拖到 F14 单元格，完成 12 个月的同期平均数计算，如图 4-3-14 所示。

F3　=AVERAGE(B3:E3)

	A	B	C	D	E	F
1	某商场空调销售量/百台					
2	年份 月份	2020	2021	2022	2023	同期平均数
3	1	10	9	12	⚠	10
4	2	19	15	12	10	14
5	3	20	24	20	36	25
6	4	24	24	18	14	20
7	5	32	36	36	32	34
8	6	42	45	46	43	44
9	7	41	48	57	30	44
10	8	88	82	88	86	86
11	9	30	28	26	28	28
12	10	22	19	22	21	21
13	11	16	17	17	18	17
14	12	8	13	16	15	13

图 4-3-14　计算同期平均数

（2）**计算每年的平均数和 4 年的总平均数**。先在 B15 单元格中用公式“=AVERAGE(B3:B14)”计算 2020 年的平均数。然后，将 B15 单元格的填充柄拖到 F15 单元格，如图 4-3-15 所示。F15 单元格的值是上面 12 个同期平均数的平均数，也正好是 4 年的总平均数。

B15　=AVERAGE(B3:B14)

	A	B	C	D	E	F
1	某商场空调销售量/百台					
2	年份 月份	2020	2021	2022	2023	同期平均数
3	1	10	9	12	9	10
4	2	19	15	12	10	14
5	3	20	24	20	36	25
6	4	24	24	18	14	20
7	5	32	36	36	32	34
8	6	42	45	46	43	44
9	7	41	48	57	30	44
10	8	88	82	88	86	86
11	9	30	28	26	28	28
12	10	22	19	22	21	21
13	11	16	17	17	18	17
14	12	8	13	16	15	13
15	⚠	29.33	30.00	30.83	28.50	29.67

图 4-3-15　计算年平均数和总平均数

（3）**求 12 个月的季节指数**。在 G3 单元格中用公式“=F3/$F$15”计算 1 月份的季节指数，并将 G3 单元格设置为百分数形式，小数位数设置为 1 位。然后，将 G3 单元格的填充柄拖到 G14 单元格，计算出其他 11 个月的季节指数。最后，将 F15 单元格的填充柄拖到 G15

单元格，并将 G15 单元格设置为百分数形式，结果如图 4-3-16 所示。如果没出错，G15 单元格的值应该恒为 100%，因为它是所有季节指数的平均数。

G3 =F3/$F$15

	A	B	C	D	E	F	G
1	某商场空调销售量/百台						
2	年份 月份	2020	2021	2022	2023	同期平均数	季节指数
3	1	10	9	12	9	10	33.7%
4	2	19	15	12	10	14	47.2%
5	3	20	24	20	36	25	84.3%
6	4	24	24	18	14	20	67.4%
7	5	32	36	36	32	34	114.6%
8	6	42	45	46	43	44	148.3%
9	7	41	48	57	30	44	148.3%
10	8	88	82	88	86	86	289.9%
11	9	30	28	26	28	28	94.4%
12	10	22	19	22	21	21	70.8%
13	11	16	17	17	18	17	57.3%
14	12	8	13	16	15	13	43.8%
15	平均	29.33	30.00	30.83	28.50	29.67	100.0%

图 4-3-16　计算各期的季节指数

从图 4-3-16 可以看出，从 1 月份开始，各月份季节指数逐月增长，8 月份达到最高峰，9 月份又开始锐减。

（4）**用季节指数预测 2024 年的数据**。先在 H3 单元格中用公式“=$E$15*G3”预测 2024 年 1 月份的数据。然后，将 H3 单元格的填充柄拖到 H14 单元格，得到 2024 年其他月份的预测数据，结果如图 4-3-17 所示。

H3 =$E$15*G3

	A	B	C	D	E	F	G	H
1	某商场空调销售量/百台							
2	年份 月份	2020	2021	2022	2023	同期平均数	季节指数	预测2024年
3	1	10	9	12	9	10	33.7%	9.6
4	2	19	15	12	10	14	47.2%	13.4
5	3	20	24	20	36	25	84.3%	24.0
6	4	24	24	18	14	20	67.4%	19.2
7	5	32	36	36	32	34	114.6%	32.7
8	6	42	45	46	43	44	148.3%	42.3
9	7	41	48	57	30	44	148.3%	42.3
10	8	88	82	88	86	86	289.9%	82.6
11	9	30	28	26	28	28	94.4%	26.9
12	10	22	19	22	21	21	70.8%	20.2
13	11	16	17	17	18	17	57.3%	16.3
14	12	8	13	16	15	13	43.8%	12.5
15	平均	29.33	30.00	30.83	28.50	29.67	100.0%	

图 4-3-17　预测 2024 年各月销量

4.3.4　移动平均趋势剔除法预测

如果动态数列的发展水平既有规律性的季节变化，又有明显的长期趋势，最好采用移动平均趋势剔除法。移动平均趋势剔除法的特点是通过一系列的计算剔除数据的长期趋势，保留数据的季节变化性，再用同期平均法对其进行分析和预测。具体过程为：

（1）对动态数列用四项移动平均法加以修正；

（2）计算趋势剔除值（公式为 $\dfrac{\text{原数据 } y}{\text{修正后的数据 } T}$ ），由 $\dfrac{y}{T}$ 的值组成一个新的数列；

（3）根据新的数列 $\dfrac{y}{T}$ 计算各期的季节指数；

（4）计算各期的预测值（公式为上年的平均数×各期的季节指数）。

例7："动态数列分析.xlsx"文件的"趋势剔除法"工作表是某企业 2019—2023 年来各季度销售资料，请根据该资料预测 2024 年各季度的销售量。

解：选择"趋势剔除法"工作表的 C2:C22 单元格区域，插入带平滑线和数据标记的散点图，如图 4-3-18 所示。

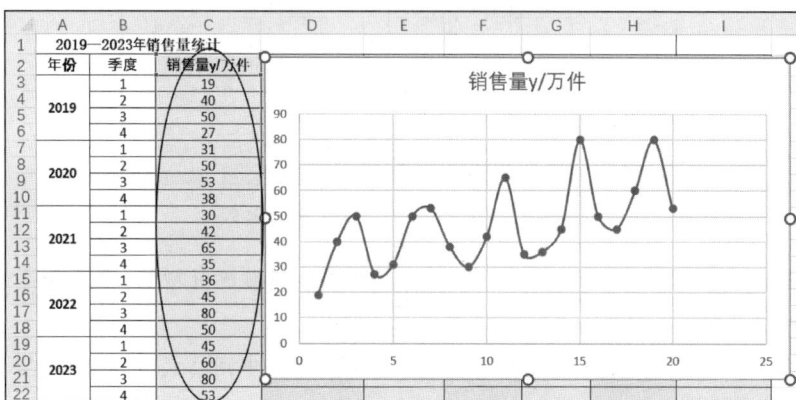

图 4-3-18　2019—2023 年销售量散点图

根据图 4-3-18 可知，销售量的变化不仅呈现季节变动性，还有明显的长期增长趋势，所以可用移动平均趋势剔除法分析和预测，过程如下。

（1）分别在 D 列、E 列计算动态数列的四项移动平均数及正位平均数，结果如图 4-3-19 所示。

	A	B	C	D	E
1	2019—2023年销售量统计				
2	年份	季度	销售量y/万件	四项移动平均	正位平均T
3	2019	1	19	—	—
4		2	40	—	—
5		3	50	34	35.5
6		4	27	37	38.25
7	2020	1	31	39.5	39.875
8		2	50	40.25	41.625
9		3	53	43	42.875
10		4	38	42.75	41.75
11	2021	1	30	40.75	42.25
12		2	42	43.75	43.375
13		3	65	43	43.75
14		4	35	44.5	44.875
15	2022	1	36	45.25	47.125
16		2	45	49	50.875
17		3	80	52.75	53.875
18		4	50	55	56.875
19	2023	1	45	58.75	58.75
20		2	60	58.75	59.125
21		3	80	59.5	
22		4	53		

图 4-3-19　计算四项移动平均数及正位平均数

（2）**在 F 列计算 $\frac{y}{T}$**。先在 F5 单元格中用公式"=C5/E5"计算第一个值，确认后，将 F5 单元格的填充柄拖到 F20 单元格，如图 4-3-20 所示。

	A	B	C	D	E	F
F5			f_x	=C5/E5		
1	2019—2023年销售量统计					
2	年份	季度	销售量y/万件	四项移动平均	正位平均T	y/T
3	2019	1	19	—	—	—
4		2	40	—	—	—
5		3	50	34	35.5	1.4085
6		4	27	37	38.25	0.7059
7	2020	1	31	39.5	39.875	0.7774
8		2	50	40.25	41.625	1.2012
9		3	53	43	42.875	1.2362
10		4	38	42.75	41.75	0.9102
11	2021	1	30	40.75	42.25	0.7101
12		2	42	43.75	43.375	0.9683
13		3	65	43	43.75	1.4857
14		4	35	44.5	44.875	0.7799
15	2022	1	36	45.25	47.125	0.7639
16		2	45	49	50.875	0.8845
17		3	80	52.75	53.875	1.4849
18		4	50	55	56.875	0.8791
19	2023	1	45	58.75	58.75	0.7660
20		2	60	58.75	59.125	1.0148
21		3	80	59.5		
22		4	53			

图 4-3-20　计算 $\frac{y}{T}$

（3）**根据新序列 $\frac{y}{T}$ 计算同期平均数**。在 G5 单元格中使用公式"=AVERAGE (F5,F9,F13, F17)"计算第三季度的平均数，然后将 G5 单元格的填充柄拖到 G8 单元格，如图 4-3-21 所示。

	A	B	C	D	E	F	G
G5			f_x	=AVERAGE(F5,F9,F13,F17)			
1	2019—2023年销售量统计						
2	年份	季度	销售量y/万件	四项移动平均	正位平均T	y/T	同期平均数
3	2019	1	19	—	—	—	
4		2	40	—	—	—	
5		3	50	34	35.5	1.4085	1.4038
6		4	27	37	38.25	0.7059	0.8188
7	2020	1	31	39.5	39.875	0.7774	0.7543
8		2	50	40.25	41.625	1.2012	1.0172
9		3	53	43	42.875	1.2362	
10		4	38	42.75	41.75	0.9102	
11	2021	1	30	40.75	42.25	0.7101	
12		2	42	43.75	43.375	0.9683	
13		3	65	43	43.75	1.4857	
14		4	35	44.5	44.875	0.7799	
15	2022	1	36	45.25	47.125	0.7639	
16		2	45	49	50.875	0.8845	
17		3	80	52.75	53.875	1.4849	
18		4	50	55	56.875	0.8791	
19	2023	1	45	58.75	58.75	0.7660	
20		2	60	58.75	59.125	1.0148	
21		3	80	59.5			
22		4	53				

图 4-3-21　计算季平均数

（4）**计算同期平均数的平均数**。在 G23 单元格中用公式“=AVERAGE(G5:G8)”计算同期平均数的平均数，结果约为 0.9985，如图 4-3-22 所示。

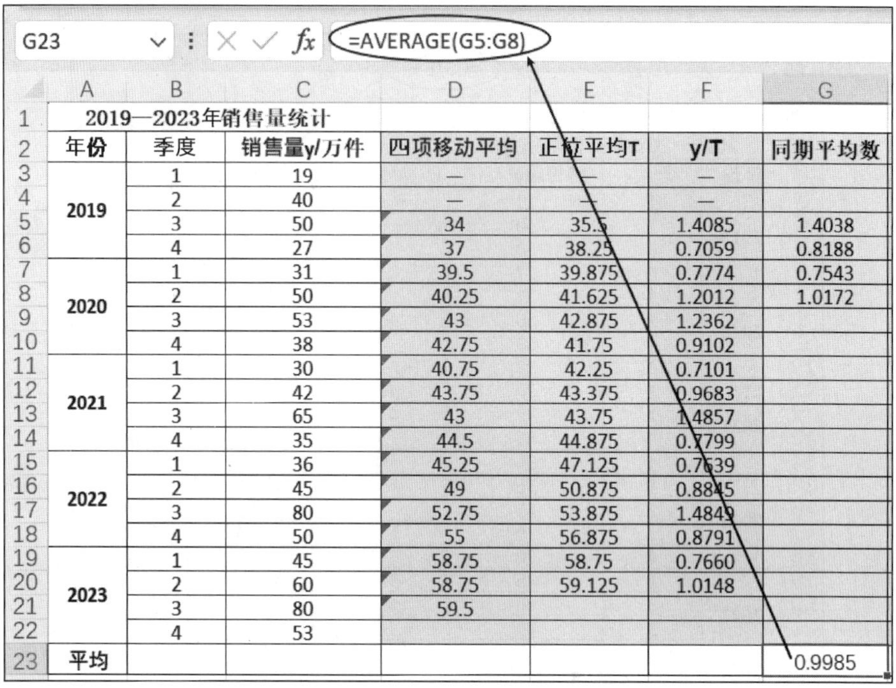

2019—2023年销售量统计						
年份	季度	销售量y/万件	四项移动平均	正位平均T	y/T	同期平均数
2019	1	19	—	—	—	
	2	40	—	—	—	
	3	50	34	35.5	1.4085	1.4038
	4	27	37	38.25	0.7059	0.8188
2020	1	31	39.5	39.875	0.7774	0.7543
	2	50	40.25	41.625	1.2012	1.0172
	3	53	43	42.875	1.2362	
	4	38	42.75	41.75	0.9102	
2021	1	30	40.75	42.25	0.7101	
	2	42	43.75	43.375	0.9683	
	3	65	43	43.75	1.4857	
	4	35	44.5	44.875	0.7799	
2022	1	36	45.25	47.125	0.7639	
	2	45	49	50.875	0.8845	
	3	80	52.75	53.875	1.4849	
	4	50	55	56.875	0.8791	
2023	1	45	58.75	58.75	0.7660	
	2	60	58.75	59.125	1.0148	
	3	80	59.5			
	4	53				
平均						0.9985

图 4-3-22　计算同期平均数的平均数

（5）**计算季节指数**。在 H5 单元格中使用公式“=G5/$G$23”计算第三季度的季节指数，然后将 H5 单元格的填充柄拖到 H8 单元格，数据形式为百分数，保留一位小数，如图 4-3-23 所示。

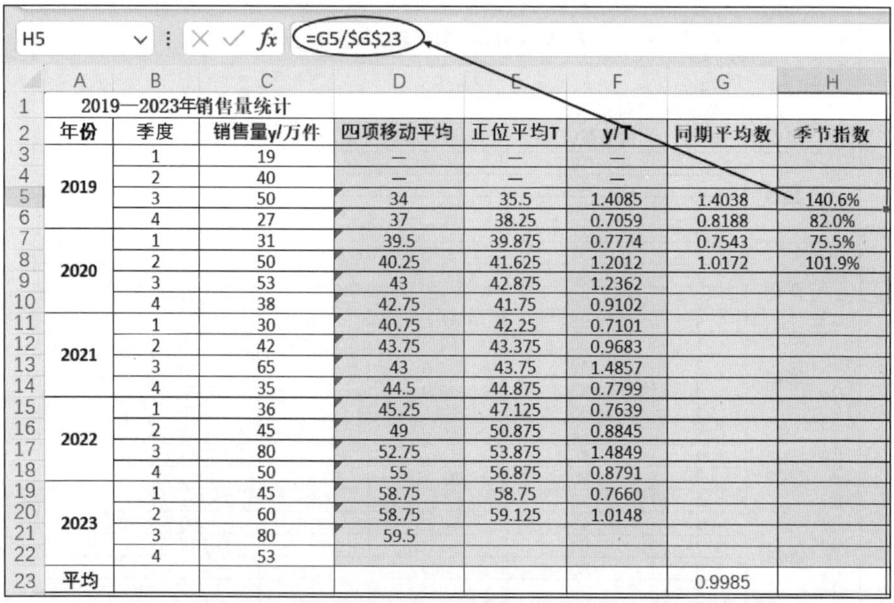

2019—2023年销售量统计							
年份	季度	销售量y/万件	四项移动平均	正位平均T	y/T	同期平均数	季节指数
2019	1	19	—	—	—		
	2	40	—	—	—		
	3	50	34	35.5	1.4085	1.4038	140.6%
	4	27	37	38.25	0.7059	0.8188	82.0%
2020	1	31	39.5	39.875	0.7774	0.7543	75.5%
	2	50	40.25	41.625	1.2012	1.0172	101.9%
	3	53	43	42.875	1.2362		
	4	38	42.75	41.75	0.9102		
2021	1	30	40.75	42.25	0.7101		
	2	42	43.75	43.375	0.9683		
	3	65	43	43.75	1.4857		
	4	35	44.5	44.875	0.7799		
2022	1	36	45.25	47.125	0.7639		
	2	45	49	50.875	0.8845		
	3	80	52.75	53.875	1.4849		
	4	50	55	56.875	0.8791		
2023	1	45	58.75	58.75	0.7660		
	2	60	58.75	59.125	1.0148		
	3	80	59.5				
	4	53					
平均						0.9985	

图 4-3-23　计算季节指数

（6）**预测 2024 年数据**。因为预测值=上年的平均数×季节指数，所以要先求出 2023 年的平均数，这个平均数正好就是 D21 单元格中的数据"59.5"。所以，在 I5 单元格中使用公式"=$D$21*H5"计算第三季度的预测值，然后将 I5 单元格的填充柄拖到 I8 单元格，保留一位小数，如图 4-3-24 所示。

I5				fx	=$D$21*H5				
	A	B	C	D	E	F	G	H	I
1	2019—2023年销售量统计								
2	年份	季度	销售量y/万件	四项移动平均	正位平均T	y/T	同期平均数	季节指数	2024预/万件
3	2019	1	19	—	—	—	1.4038	140.6%	83.6
4		2	40	—	—	—	0.8188	82.0%	48.8
5		3	50	34	35.5	1.4085	0.7543	75.5%	44.9
6		4	27	37	38.25	0.7059	1.0172	101.9%	60.6
7	2020	1	31	39.5	39.875	0.7774			
8		2	50	40.25	41.625	1.2012			
9		3	53	43	42.875	1.2362			
10		4	38	42.75	41.75	0.9102			
11	2021	1	30	40.75	42.25	0.7101			
12		2	42	43.75	43.375	0.9683			
13		3	65	43	43.75	1.4857			
14		4	35	44.5	44.875	0.7799			
15	2022	1	36	45.25	47.125	0.7639			
16		2	45	49	50.875	0.8845			
17		3	80	52.75	53.875	1.4849			
18		4	50	55	56.875	0.8791			
19	2023	1	45	58.75	58.75	0.7660			
20		2	60	58.75	59.125	1.0148			
21		3	80	59.5					
22		4	53						
23	平均						0.9985		

图 4-3-24　预测结果

由图 4-3-24 可知，2024 年第一季度的预测值是 44.9 万件，第二季度是 60.6 万件，第三季度是 83.6 万件，第四季度是 48.8 万件。

4.4　相关分析与回归分析

4.4.1　相关分析

相关分析是研究两个或两个以上变量之间相关程度及大小的一种统计分析方法，其目的是揭示现象之间是否存在相关关系，并确定相关关系的性质、方向和密切程度。

4.4.1.1　相关图

对两个变量进行相关分析，最常见的方法就是以这两个变量的值为坐标(x, y)，在直角坐标系中绘制散点图，此时的散点图亦称"相关图"，如图 4-4-1 所示。

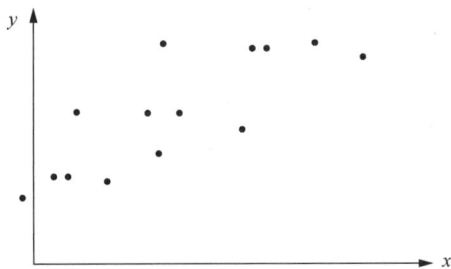

图 4-4-1　相关图（散点图）

利用相关图，可以直观、形象地表现变量之间的相关关系。

（1）散点分布大致呈一条直线，称二者线性相关，如图 4-4-2 所示。

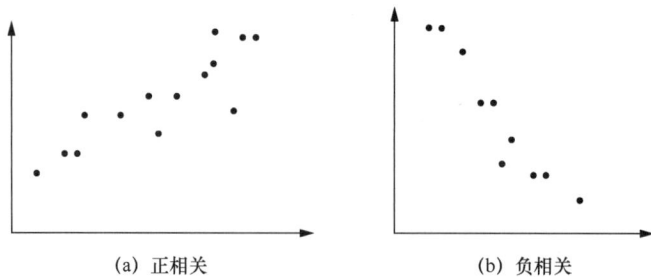

(a) 正相关　　　　　　　　　　(b) 负相关

图 4-4-2　线性相关

（2）散点分布大致呈一条曲线，称二者曲线相关，如图 4-4-3 所示。

（3）散点分布杂乱无章，称二者不相关，如图 4-4-4 所示。

（4）一个变量增加，另一个变量也呈增加的态势，称二者正相关，如图 4-4-2（a）所示。

（5）一个变量增加，另一个变量反而呈减少的态势，则称二者负相关，如图 4-4-2（b）所示。

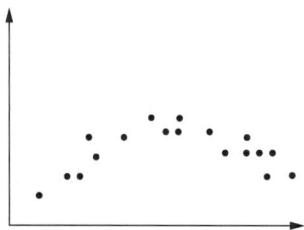

图 4-4-3　曲线相关　　　　　　　　　图 4-4-4　不相关

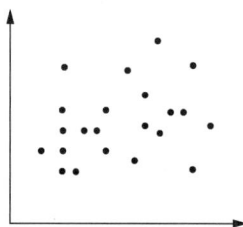

4.4.1.2　线性相关与相关系数

当两个变量线性相关时，用相关系数 r 表示两个变量 x 和 y 之间的相关方向和密切程度。在数学上，相关系数 $r = \dfrac{\sigma_{xy}^2}{\sigma_x \sigma_y} = \dfrac{\sum (x - \overline{x})(y - \overline{y})}{\sqrt{\sum (x - \overline{x})^2 (y - \overline{y})^2}}$。

相关系数的取值范围为 $|r| \leq 1$。$|r|$ 越接近 1，说明散点图上的点越集中在某一直线附近，两个变量之间的直线相关密切程度就越高；$|r|$ 越接近 0，则直线相关密切程度就越低。

在实际应用中，利用相关系数来判断直线相关密切程度的一般标准为：

➤　当 $|r|=0$ 时，说明两个变量之间不存在直线相关关系；

➤　当 $0<|r| \leq 0.3$ 时，认为两个变量之间存在微弱直线相关；

➤　当 $0.3<|r| \leq 0.5$ 时，认为两个变量之间存在低度直线相关；

➤　当 $0.5<|r| \leq 0.8$ 时，认为两个变量之间存在显著直线相关；

➤　当 $0.8<|r|<1$ 时，认为两个变量之间存在高度直线相关；

➤　当 $|r|=1$ 时，说明两个变量之间存在完全直线相关关系，即成直线函数关系；

➤　当相关系数 r 很小甚至为零时，只能说明变量之间不直线相关，而不能说明它们不存在相关关系。

4.4.1.3　相关系数的计算

在 Excel 中，计算相关系数有两种常用方法，那就是 Correl 函数和"数据分析"之"相关系数"工具。

一、用 Correl 函数计算相关系数

例1：××小区超市的年销售额（万元）与小区常住人口数（万人）的数据资料如图 4-4-5 所示，请分析超市的年销售额与小区常住人口数的相关关系。数据源于"相关与回归分析.xlsx"工作簿的"相关系数1"工作表。

	A	B	C
1	超市编号	超市年销售额/万元	小区常住人口数/万人
2	1	1200	2.3
3	2	1400	3
4	3	1100	1.8
5	4	1000	1.2
6	5	1300	2.2
7	6	700	0.8
8	7	900	1.5
9	8	1600	2.6
10	9	2000	3.1
11	10	1000	2

图 4-4-5　超市年销售额与小区常住人口数

解：在某个单元格中插入 Correl 函数，参数设置如图 4-4-6 所示。结果为 0.890743202，所以，我们认为超市年销售额与小区常住人口数之间存在高度直线相关关系。

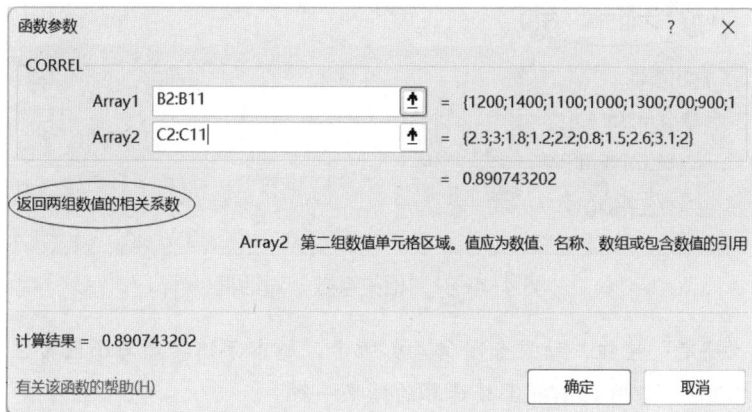

图 4-4-6　Correl 函数的参数设置

二、用"相关系数"工具计算相关系数

例2：利用"数据分析"之"相关系数"工具来计算例 1 中"年销售额"与"小区常住人口数"的相关系数。

操作步骤如下。

（1）单击"数据"|"数据分析"按钮。

（2）在"数据分析"对话框中选择"相关系数"选项，如图 4-4-7 所示，单击"确定"按钮。

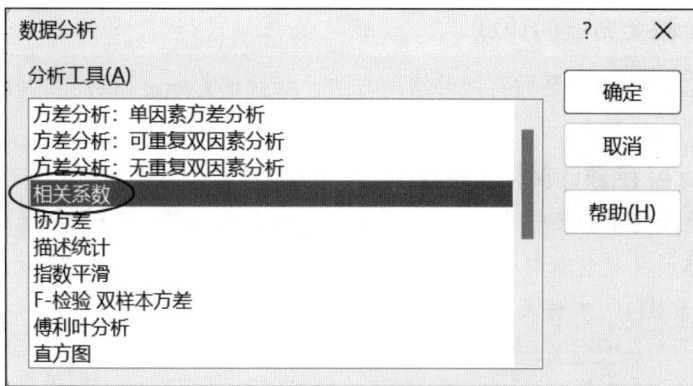

图 4-4-7 "数据分析"之"相关系数"

（3）在"相关系数"对话框中，将"输入区域"（要分析的数据区域）设置为 B1:C11 单元格区域（会自动变成绝对引用$B$1:$C$11）；因为输入区域的第一行是标志，所以勾选"标志位于第一行"复选项；将"输出区域"设置为本工作表的 E2 单元格（会自动变成绝对引用$E$2），如图 4-4-8 所示。

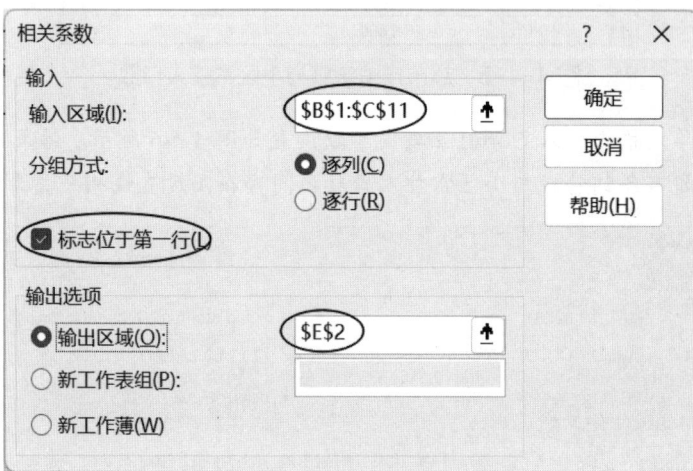

图 4-4-8 "相关系数"对话框

（4）单击"确定"按钮，结果如图 4-4-9 所示，超市年销售额与小区常住人口数的相关系数为 0.890743202，与用 Correl 函数计算的结果一样。

E	F	G
	超市年销售额/万元	小区常住人口数/万人
超市年销售额/万元	1	
小区常住人口数/万人	0.890743202	1

图 4-4-9 超市年销售额与小区常住人口数的相关系数

例 3：××市多家大型超市的月售售额（万元）与超市面积大小（平方米）、当月的促销费用（万元）、所在地理位置（1 表示市区一类地段、2 表示市区二类地段、3 表示市区三类地段）的数据如图 4-4-10 所示，请计算各变量之间的相关系数。数据源于"相关与回归分析.xlsx"工作簿中的"相关系数2"工作表。

	A	B	C	D	E
1	××市大型超市月销售情况调查表				
2	超市编号	销售额/万元	卖场面积/平方米	月促销费/万元	地理位置
3	1	1650	300	3	3
4	2	2000	600	2	2
5	3	890	300	2	3
6	4	2800	700	4	1
7	5	1800	500	3.5	2
8	6	1380	400	3	3
9	7	3600	1200	5	1
10	8	3200	800	5	1
11	9	2670	600	3	1
12	10	1600	200	2	2

图 4-4-10　超市月销售情况调查表

操作步骤如下。

（1）单击"数据"|"数据分析"按钮。

（2）在"数据分析"对话框中选择"相关系数"选项，单击"确定"按钮。

（3）在"相关系数"对话框中，"输入区域"选择 B2:E12 单元格区域，勾选"标志位于第一行"复选项，"输出区域"选择本工作表的 G2 单元格，如图 4-4-11 所示。

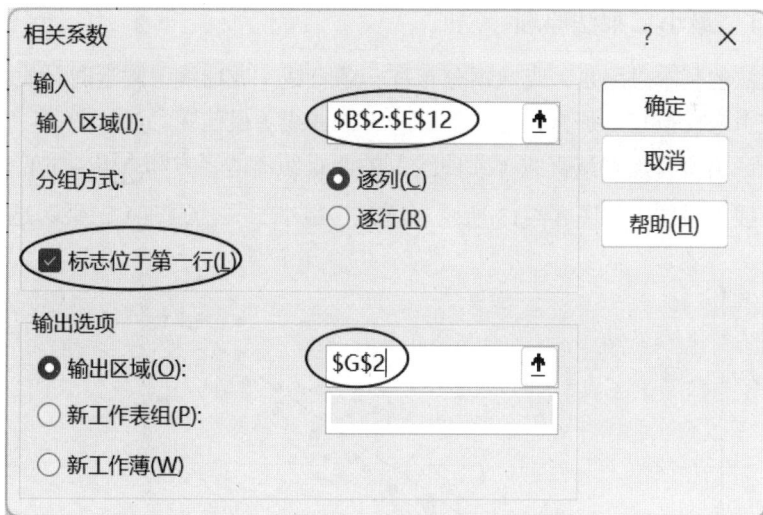

图 4-4-11　"相关系数"对话框

（4）调整显示结果的各列列宽，结果如图 4-4-12 所示。从图 4-4-12 可知，销售额与卖场面积的相关系数为 0.904930972，销售额与月促销费的相关系数为 0.835238859，销售额与地理位置的相关系数为-0.905479712，绝对值均大于 0.8，均为高度直线相关。其中销售额与卖场面积、销售额与月促销费为正相关，销售额与地理位置为负相关。

从图 4-4-12 还可以看出，卖场面积与月促销费的相关系数是 0.811543068，绝对值也略大于 0.8，说明月促销费和卖场面积也是高度直线相关的，因为卖场面积越大，规模就越大，促销的力度自然也就越大。

G	H	I	J	K
	销售额/万元	卖场面积/平方米	月促销费/万元	地理位置
销售额/万元	1			
卖场面积/平方米	0.904930972	1		
月促销费/万元	0.835238859	0.811543068	1	
地理位置	-0.905479712	-0.748112087	-0.64201743	1

图 4-4-12　销售额、卖场面积、月促销费、地理位置相关系数表

用 Correl 函数计算相关系数和用"相关系数"工具计算相关系数的区别是，Correl 函数一次只能计算两个变量的相关系数，而"相关系数"工具可以同时计算多个变量的相关系数。

4.4.2　回归分析

回归分析是确定两个或两个以上变量间相互依赖的定量关系的一种统计分析方法。回归分析按照涉及的变量多少，分为一元回归分析和**多元**回归分析；按照自变量和因变量之间的关系类型，可分为**线性**回归分析和**非线性**回归分析。

4.4.2.1　最小二乘法原理

回归分析法的基本思路是，当数据分布在一条直线（或曲线）附近时，找出一条最佳的直线（或曲线）来模拟它。那么，怎样的直线（或曲线）最佳呢？

我们认为，当所有点到该直线（或曲线）的竖直距离的平方和 $\sum(y-y')^2$ 最小时，得到的直线（或曲线）最佳，如图 4-4-13 所示。这就是最小二乘法原理（二乘就是平方）。

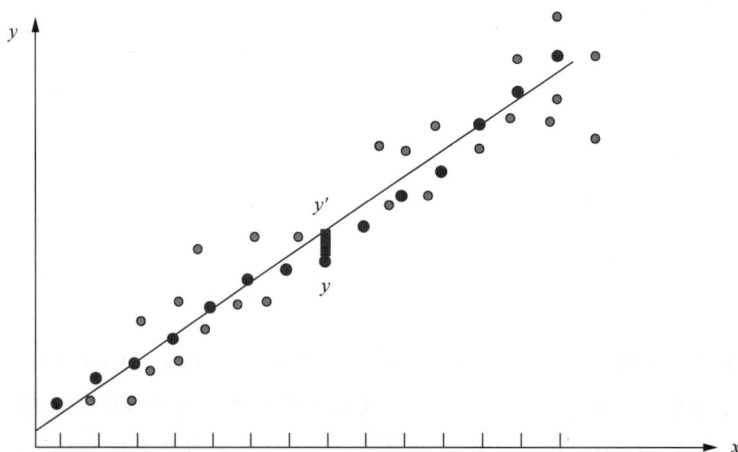

图 4-4-13　最小二乘法原理

归根结底，回归分析法就是根据最小二乘法原理，将变量之间的关系模拟成一个数学方程（即回归方程），以此来推断变量之间关系的一种统计分析方法，所以回归分析法也叫数学模型法。

4.4.2.2 决定系数

当变量之间的关系可以用一个数学模型来模拟时，我们用决定系数（R^2）判定数学模型模拟效果的好坏。

在数学上，决定系数 $R^2 = 1 - \dfrac{\sum(y-y')^2}{\sum(y-\overline{y})^2}$（$y$ 是实际值，y' 是模拟值）。

决定系数 R^2 越接近 1，说明数学模型的模拟效果越好。

对一元线性回归来说，$r^2 = R^2$。

4.4.2.3 利用"回归"工具进行回归分析

1. 一元线性回归

如果回归分析中只包括一个因变量和一个自变量，且二者的关系可用函数 $y = kx + b$ 来模拟，这种回归分析称为一元线性回归分析。

例4：对例 1 的数据进行一元线性回归分析，并根据回归方程回答以下问题。

（1）在常住人口数为 4 万人的小区开一家生活超市的年销售额约为多少？

（2）如果希望超市年销售额达到 3000 万元，小区常住人口大约为多少？

数据源于"相关与回归分析.xlsx"文件的"一元线性回归"工作表。

（1）找到"一元线性回归"工作表，单击"数据"|"数据分析"按钮。

（2）在"数据分析"对话框中选择"回归"选项，如图 4-4-14 所示，单击"确定"按钮。

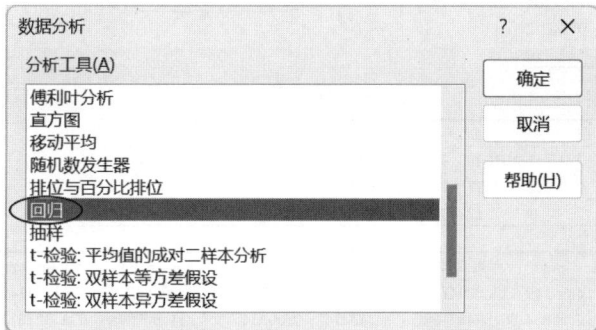

图 4-4-14 "数据分析"之"回归"

（3）在"回归"对话框中，"Y 值输入区域"（因变量销售额）选择 B1:B11，"X 值输入区域"（自变量小区常住人口数）选择 C1:C11；因为这两个区域的第一个数据都是标志，所以勾选下面的"标志"复选项；选择"新工作表组"单选项，如图 4-4-15 所示。

（4）单击"确定"按钮，得到的回归结果如图 4-4-16 所示。

回归结果中第 1 组数据的前 3 个数据分别为 Multiple R（相关系数）、R Square（决定系数）、Adjusted R Square（校正决定系数），都用于反映模型的**拟合度**；第 4 个数据是标准误差，反映拟合平均数对实际平均数的**变异程度**；第 5 个数据为观测值（数据的个数）。

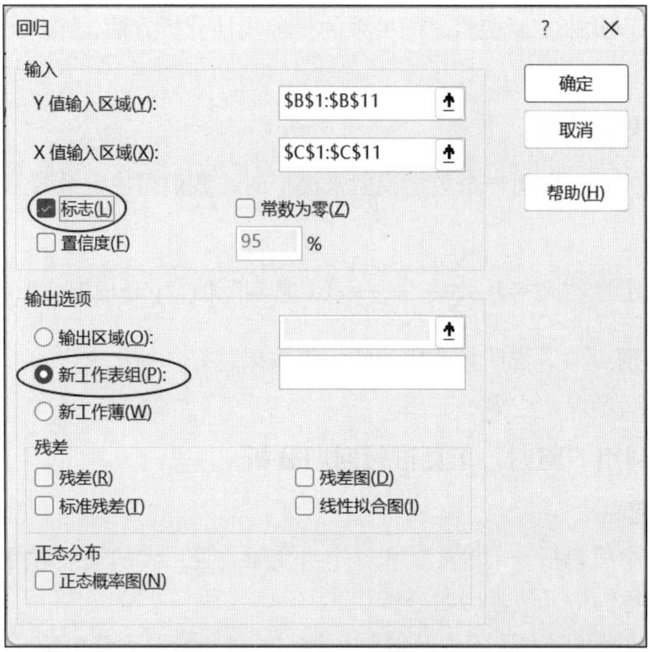

图 4-4-15　回归设置

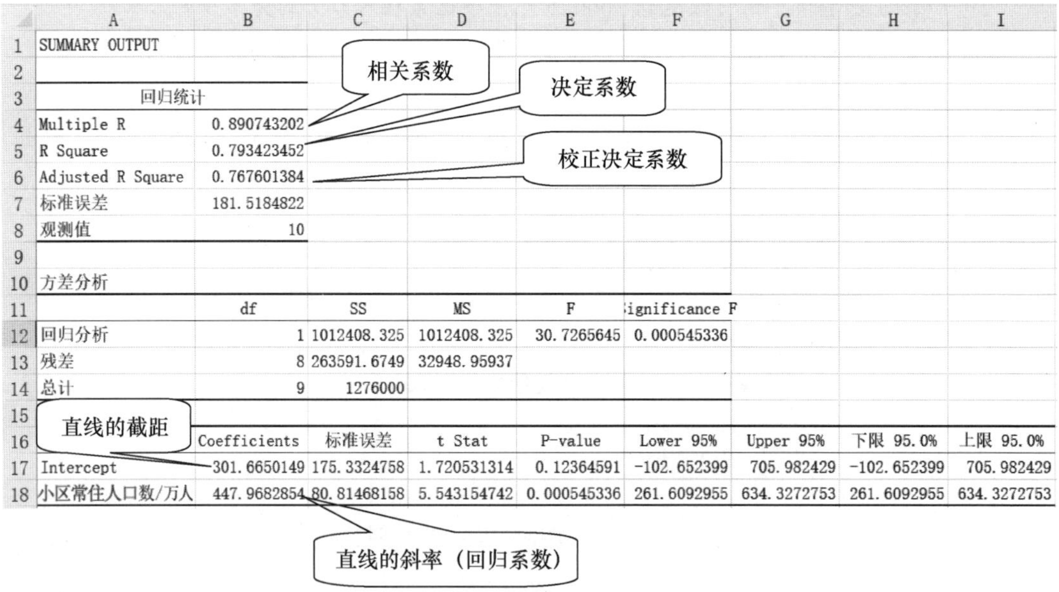

	A	B	C	D	E	F	G	H	I
1	SUMMARY OUTPUT								
2									
3	回归统计								
4	Multiple R	0.890743202							
5	R Square	0.793423452							
6	Adjusted R Square	0.767601384							
7	标准误差	181.5184822							
8	观测值	10							
9									
10	方差分析								
11		df	SS	MS	F	ignificance F			
12	回归分析	1	1012408.325	1012408.325	30.7265645	0.000545336			
13	残差	8	263591.6749	32948.95937					
14	总计	9	1276000						
15									
16		Coefficients	标准误差	t Stat	P-value	Lower 95%	Upper 95%	下限 95.0%	上限 95.0%
17	Intercept	301.6650149	175.3324758	1.720531314	0.12364591	-102.652399	705.982429	-102.652399	705.982429
18	小区常住人口数/万人	447.9682854	80.81468158	5.543154742	0.000545336	261.6092955	634.3272753	261.6092955	634.3272753

图 4-4-16　回归结果

第 3 组数据的第 1 个数据（301.665）是回归直线的**截距 *b***，第 2 个数据（447.968）是回归直线的**斜率 *k***，也叫**回归系数**。

所以，回归直线的方程为 y=447.968x+301.665。

该模型的决定系数为 0.793，比较接近 1，说明用直线“y=447.968x+301.665”模拟超市年销售额与小区常住人口数的关系效果较好。

把 $x=4$ 代入回归方程，得 $y=447.968×4+301.665=2093.5$（万元）。在 Excel 中可以这样计算：在 B20 单元格中输入自变量 x 的取值 4，在 B21 单元格中输入因变量 y 的计算公式"=B18*B20+B17，如图 4-4-17 所示。这表明在某常住人口数为 4 万人的小区开一家生活超市，该超市的年销售额约为 2093.5 万元。

图 4-4-17 预测结果

下面利用单变量求解计算第 2 问（所谓单变量求解就是通过因变量的值，倒推自变量的值），操作如下。

（1）选择"数据"|"模拟分析"|"单变量求解"命令。

（2）在"单变量求解"对话框中，"目标单元格"选择 B21，"目标值"输入 3000，"可变单元格"选择 B20，如图 4-4-18 所示，特别要注意的是，要确保 B21 单元格中已经输入了计算公式"=B18*B20+B17"。

图 4-4-18 设置单变量求解的参数

（3）单击"确定"按钮，计算结果如图 4-4-19 所示，B21 单元格显示 3000，B20 单元格显示 6.023495575。这表明超市销售额要达到 3000 万元，小区常住人口要在 6 万左右。

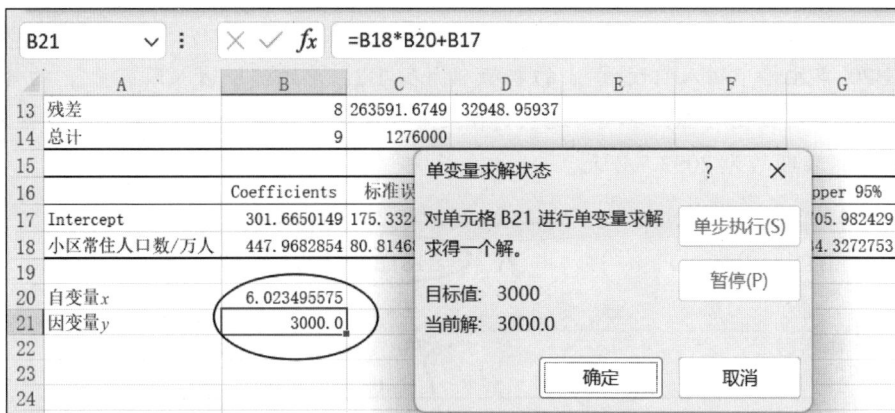

图 4-4-19　单变量求解结果

2. 多元线性回归

如果回归分析中包括一个因变量和多个自变量，且因变量和自变量的关系可用函数 $y = k_1 x_1 + k_2 x_2 + \cdots + k_n x_n + b$ 来模拟，这种回归分析称为多元线性回归分析。

事实上，一种现象常常与多个因素相关，所以，用多个自变量的最优组合来估计和预测因变量，比只用一个自变量进行估计和预测更有效、更有实际意义。

例 5：用回归分析法分析例 3 中超市的销售额与超市的面积大小、月促销费、所在地理位置的关系，并根据回归方程预测一家在二类地段、面积为 1000 平方米、月促销费为 5 万元的超市月销售额。数据源于"相关与回归分析.xlsx"工作簿中的"多元线性回归"工作表。

操作步骤如下。

（1）单击"数据"|"数据分析"按钮，打开"数据分析"对话框。

（2）在"数据分析"对话框中选择"回归"选项，单击"确定"按钮。

（3）在"回归"对话框中，"Y 值输入区域"选择 B2:B12，"X 值输入区域"选择 C2:E12；因为这两个区域的第一行都是标志，所以勾选下面的"标志"复选项；选择"新工作表组"单选项，如图 4-4-20 所示。

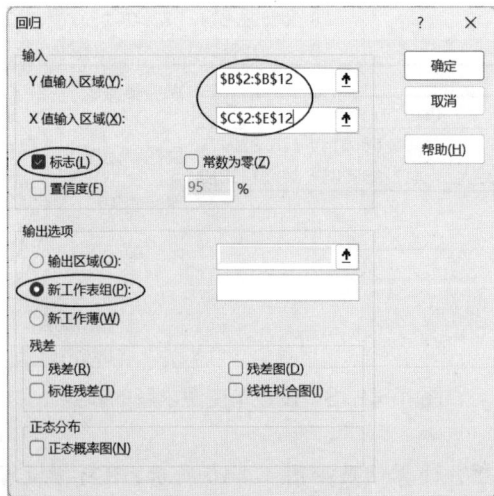

图 4-4-20　回归设置

（4）单击"确定"按钮，得到的回归结果如图 4-4-21 所示。

	A	B	C	D	E	F	G	H	I
1	SUMMARY OUTPUT								
2									
3	回归统计								
4	Multiple R	0.978612727							
5	R Square	0.95768287							
6	Adjusted R Square	0.936524305							
7	标准误差	218.5948925							
8	观测值	10							
9									
10	方差分析								
11		df	SS	MS	F	Significance F			
12	回归分析	3	6488387.638	2162795.879	45.26218472	0.000163113			
13	残差	6	286702.3622	47783.72703					
14	总计	9	6775090						
15									
16		Coefficients	标准误差	t Stat	P-value	Lower 95%	Upper 95%	下限 95.0%	上限 95.0%
17	Intercept	1945.209022	468.6044171	4.151068473	0.006003925	798.5753204	3091.842724	798.5753204	3091.842724
18	卖场面积/平方米	0.978676549	0.490172453	1.996596387	0.09286326	-0.220732235	2.178085333	-0.220732235	2.178085333
19	月促销费/万元	186.5351392	110.1739527	1.693096549	0.14138048	-83.05081144	456.1210898	-83.0508114	456.1210898
20	地理位置	-495.003733	125.9194897	-3.93111292	0.007702882	-803.1176242	-186.889841	-803.117624	-186.889841
21									

图 4-4-21　回归结果

根据图 4-4-21 所示的回归结果可知，回归直线的方程为 $y = 1945.2 + 0.979x_1 + 186.5x_2 - 495x_3$ （x_1 是卖场面积、x_2 是月促销费、x_3 是地理位置）。

如果某超市在二类地段（$x_3 = 2$）、面积为 1000 平方米（$x_1 = 1000$）、月促销费为 5 万元（$x_2 = 5$），直接在某个单元格中输入公式"=1945.2+0.979*1000+186.5*5-495*2"即可得到结果"2866.7"。

◆ 利用回归分析工具进行线性回归的优缺点如下。

① 优点：可以进行一元线性回归，也可以进行多元线性回归。

② 缺点：只能进行线性回归，不能直接进行非线性回归。

4.4.2.4　利用趋势线方程进行回归分析

前面介绍了利用趋势线方程预测动态数列的发展，该方法也适用于静态数列的分析预测，但仅适用于只有一个自变量的情况。

例6：某婴幼儿米粉专卖店统计出的婴幼儿米粉销售额与流通率资料如图 4-4-22 所示，请模拟出销售额与流通率的回归方程。数据源于"相关与回归分析.xlsx"文件中的"趋势线"工作表。

	A	B
1	婴幼儿米粉销售额与流通率	
2	流通率/%	销售额/万元
3	8	11.6
4	5	14.8
5	4	18.7
6	3	21.8
7	2.6	25.7
8	2.4	31.3
9	2.2	41.6
10	2	44.5
11	1.5	52.5

图 4-4-22　销售额与流通率资料

操作步骤如下。

（1）选择 A2:B11 单元格区域，插入散点图。

（2）在某个散点上单击鼠标右键，在弹出的快捷菜单中选择"添加趋势线"命令。

（3）设置趋势线为"线性"、勾选"显示公式"（回归方程）和"显示 R 平方值"（决定系数）复选项，结果如图 4-4-23 所示。此时回归方程则为 $y = -5.6921x + 48.583$，决定系数为 0.6539。

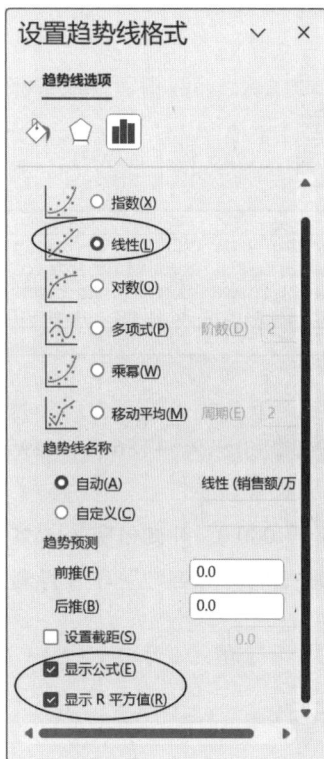

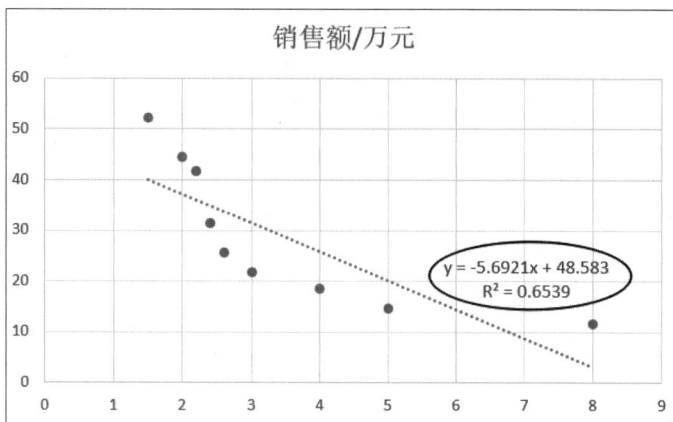

图 4-4-23　线性函数模型

（4）将趋势线改成"指数"，结果如图 4-4-24 所示。此时回归方程为 $y = 57.055e^{-0.23x}$，决定系数为 0.8139。

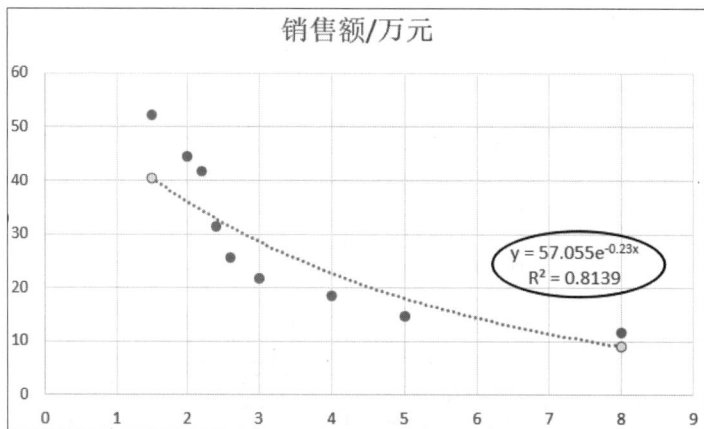

图 4-4-24　指数函数模型

（5）将趋势线改成"对数"，结果如图 4-4-25 所示。此时回归方程为 $y = -25.42\ln(x) + 57.101$，决定系数为 0.8392。

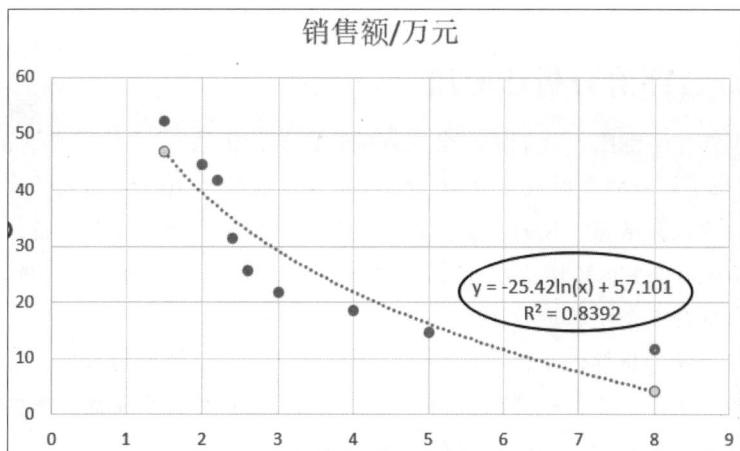

销售额/万元

$$y = -25.42\ln(x) + 57.101$$
$$R^2 = 0.8392$$

图 4-4-25　对数函数模型

（6）将趋势线改成"乘幂"，结果如图 4-4-26 所示。此时回归方程为 $y = 76.013x^{-0.975}$，决定系数为 0.9359。

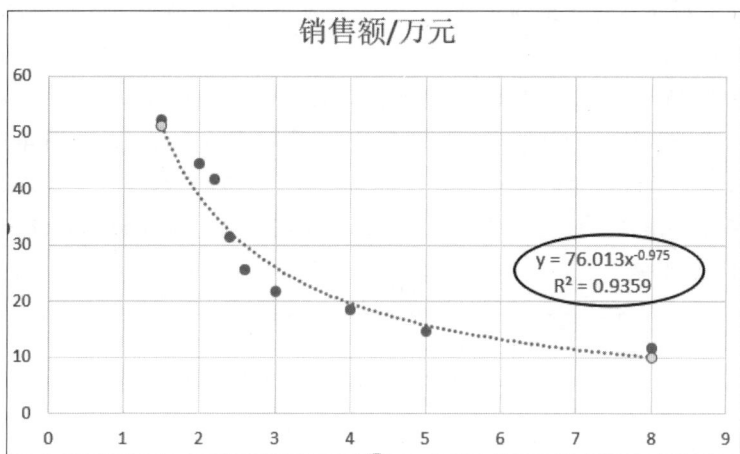

销售额/万元

$$y = 76.013x^{-0.975}$$
$$R^2 = 0.9359$$

图 4-4-26　幂函数模型

比较几种数学模型的决定系数，其中幂函数模型的决定系数最大，说明幂函数模型的模拟效果最佳，其次是对数函数模型，再次是指数函数模型，线性函数模型的模拟效果最差。

◆　利用散点图+趋势线方程进行回归分析的优缺点如下。

① 优点：不仅能进行线性回归，还能进行非线性回归。

② 缺点：只能进行一元回归，不能进行多元回归。

4.5　综合评价分析法

综合评价分析法是指运用多个指标对多个参评对象进行综合评价的方法。综合评价分析法的基本思想是将多个指标转化为一个能够反映综合情况的指标来进行分析评价。例如，我国的基本国情可以通过国土面积、人口总数、国内生产总值、人均国民收入、森林覆盖率等指标来说明。

4.5.1 综合评价分析法应用

在日常的工作和生活中，我们经常会用到综合评价分析法。

例1：某学生某课程的平时成绩为90分，期中考试成绩为70分，期末考试成绩为80分，那么任课老师最后就会根据学校的一贯要求，综合考虑该学生的这3个成绩，给出一个总评成绩90×40%+70×30%+80×30%=81（分），这就是综合评价分析法的具体应用。

综合评价分析分5个步骤进行。

（1）确定综合评价指标体系，即包含哪些指标，它是综合评价的基础和依据。

（2）确定指标体系中各指标的权重 m。权重体现的是指标的重要性，重要的指标权重必然就高，各指标的权重之和为100%，即 $\sum m = 100\%$。

（3）收集各指标的数值 x。

（4）计算综合评价数值。综合评价数值等于各指标值与该指标的权重乘积之和，即 $\sum xm$。

（5）根据综合评价数值对参评对象进行排序，得出最终结论。

事实上，当各项指标的权重都相同时，结果就是平均数。所以，计算平均数是综合评价分析的一种特殊情况。

例2：某学校招聘3名数学老师，应聘者先进行笔试，根据笔试成绩按1：3的比例确定排名前9的应聘者进入试讲和结构化面试环节，9名应聘者的考核成绩如图4-5-1所示。若笔试成绩、试讲成绩、面试成绩的权重分别为20%、30%、50%，求各应聘者的综合评价得分，并求各应聘者的综合排名，根据排名录取前3名。数据源于"综合评价分析.xlsx"工作簿中的"综合评价1"工作表。

	A	B	C	D
1	应聘者	笔试成绩	试讲成绩	面试成绩
2	应聘者1	86	70	66
3	应聘者2	84	80	70
4	应聘者3	82	75	68
5	应聘者4	75	60	75
6	应聘者5	75	65	85
7	应聘者6	72	75	65
8	应聘者7	70	50	60
9	应聘者8	65	75	80
10	应聘者9	62	70	65

图 4-5-1　应聘者考核成绩

解：

（1）计算应聘者1的综合得分：E2=B2*20%+C2*30%+D2*50%。

（2）计算其余应聘者的得分：双击 E2 单元格的填充柄。

（3）计算应聘者1的综合排名：F2=rank.eq(E2,E:E)。

（4）计算其余应聘者的排名：双击 F2 单元格的填充柄。

结果如图 4-5-2 所示，根据结果可知录取的名单为：应聘者5、应聘者2、应聘者8。

	A	B	C	D	E	F
1	应聘者	笔试成绩	试讲成绩	面试成绩	综合得分	综合排名
2	应聘者1	86	70	66	71.2	5
3	应聘者2	84	80	70	75.8	2
4	应聘者3	82	75	68	72.9	4
5	应聘者4	75	60	75	70.5	6
6	应聘者5	75	65	85	77	1
7	应聘者6	72	75	65	69.4	7
8	应聘者7	70	50	60	59	9
9	应聘者8	65	75	80	75.5	3
10	应聘者9	62	70	65	65.9	8

图 4-5-2　计算综合得分和综合排名

4.5.2　权重的确定

在应用综合评价分析法时，为了保证评价的科学性，权重的确定必须合理。

◆　一般来说，权重的确定可以由专家指定。

◆　如果权重没有给定，可以取某一相关指标所占的比重作为权重。

例3：某餐饮店本月拟对店内所有的菜品（50 个）进行价格调整，部分菜价调整情况如图 4-5-3 所示。请运用综合评价分析法对该餐饮店的价格与上月相比的变化做综合分析。数据源于"综合评价分析.xlsx"工作簿中的"综合评价2"工作表。

	A	B	C	D	E
1	菜品编号	原价/元	现价/元	上月销量/份	上月销售额/元
2	HY001	60	62	288	17280
3	HY002	30	33	248	7440
4	HY003	80	90	145	11600
5	HY004	70	75	190	13300
6	HY005	38	40	174	6612
7	HY006	20	21	190	3800
8	HY007	26	30	230	5980
9	HY008	40	45	279	11160
10	HY009	48	50	304	14592
11	HY010	66	70	275	18150

图 4-5-3　部分菜价调整情况

解：首先可以分析一下每个菜品的价格变化情况，方法是用现价除以原价，得到每个菜的价格涨幅。具体操作为，在 F2 单元格中使用公式"=C2/B2"，设置为百分数形式，然后双击其填充柄完成填充，如图 4-5-4 所示。

经过简单排序或计算，不难发现：所有菜价都在上涨，最低涨幅为 103%，最高涨幅为145%，平均涨幅为 116%。

因为每个菜的销量和原价不一样，给消费者带来的影响是不同的，所以用平均涨幅来衡量整体涨幅是不准确的。

图 4-5-4　价格涨幅

因为菜的销售额越大，说明消费者越喜欢，涨价对消费者带来的影响就大，所以可以考虑将每个菜销售额的占比作为权重来综合分析菜价涨幅。

所以，在工作表中增加一列"销售额占比"作为综合分析的权重。

（1）因为销售额占比=单个菜上月销售额/所有菜上月销售额之和，所以在 G2 单元格中使用公式"=E2/SUM（E:E）"计算第一个菜的销售额占比，并双击其填充柄完成向下的快速填充，如图 4-5-5 所示。

图 4-5-5　销售额占比（权重）计算

（2）在某个单元格中使用公式"=SUMPRODUCT(F:F,G:G)"计算 F 列和 G 列对应数据乘积之和，结果为 112%，如图 4-5-6 所示。

所以，该餐饮店菜价的综合涨幅为 112%。

图 4-5-6　计算综合涨幅

但是，并不是所有内容都能找到合适的相关指标值作为计算权重的依据。下面再介绍一种权重的确定方法——**目标优化矩阵法**。

目标优化矩阵的原理就是把人脑的模糊思维简化为计算机的 1/0 逻辑思维，最后得出量化的结果。这种方法不仅量化准确，而且简单、方便、快捷。

用目标优化矩阵表计算权重的操作分成以下三大步骤。

① 将所有项目作为行标题和列标题填入矩阵表，如图 4-5-7 所示。

	项目1	项目2	项目3	项目4	项目5
项目1					
项目2					
项目3					
项目4					
项目5					

图 4-5-7　目标优化矩阵表（1）

② 将纵轴上的项目依次与横轴上的项目进行对比，如果认为纵轴上的项目（左边）比横轴上的项目（顶部）重要，那么在两个项目相交的格子中输入"1"，否则输入"0"，如图 4-5-8 所示。

	项目1	项目2	项目3	项目4	项目5
项目1		0	1	0	0
项目2	1		1	1	0
项目3	0	0		1	0
项目4	1	0	0		1
项目5	1	1	1	0	

图 4-5-8　目标优化矩阵表（2）

③ 将每行数字相加，根据合计的数值计算每个项目的权重，如图 4-5-9 所示。

	项目1	项目2	项目3	项目4	项目5	合计	权重
项目1		0	1	0	0	1	10%
项目2	1		1	1	0	3	30%
项目3	0	0		1	0	1	10%
项目4	1	0	0		1	2	20%
项目5	1	1	1	0		3	30%

图 4-5-9　目标优化矩阵表（3）

有时可能出现某个项目的合计值为 0 的情况，如果直接计算权重就会得到 0%，这就不合理了，解决的办法就是给每个项目的合计值加 1，再计算权重，如图 4-5-10 所示。

	项目1	项目2	项目3	项目4	项目5	合计	合计+1	权重
项目1		0	1	0	0	1	2	13%
项目2	1		1	1	0	3	4	27%
项目3	0	0		0	0	0	1	7%
项目4	1	0	0		1	3	4	27%
项目5	1	1	1	0		3	4	27%

图 4-5-10　目标优化矩阵表（4）

目标优化矩阵的用途非常广泛，它不但可以用于计算权重，还可以用于任何项目的排序，如重要性排序、满意度排序、喜爱度排序。

例如，在某个班对 6 门课程进行教学满意度调查，就可以利用目标优化矩阵法进行操作。

（1）将 6 门课程依次填入矩阵表的第 1 行及 A 列，如图 4-5-11 所示。

	A	B	C	D	E	F	G	H	I
1		课程1	课程2	课程3	课程4	课程5	课程6	总票数	排名
2	课程1								
3	课程2								
4	课程3								
5	课程4								
6	课程5								
7	课程6								

图 4-5-11　设计目标优化矩阵表

（2）对课程 1 与课程 2 进行比较和投票，将课程 1 的满意度大于课程 2 的得票数填入 C2 单元格中。假设该班一共有 50 人，如果 C2 是 30，那么 B3 的值就等于 20，如图 4-5-12 所示。

	A	B	C	D	E	F	G	H	I
1		课程1	课程2	课程3	课程4	课程5	课程6	总票数	排名
2	课程1		30						
3	课程2	20							
4	课程3								
5	课程4								
6	课程5								
7	课程6								

图 4-5-12　课程 1 与课程 2 比较

（3）依次统计所有课程的满意度票数。注意，6 门课程需要进行 15 次投票，最后的总票数应该等于 15×50=750 票。

（4）在 H2 单元格用公式“=SUM(B2:G2)”计算课程 1 的总票数，在 I2 单元格用公式“=rank.eq(H2,H:H)”计算课程 1 的排名。最后拖曳 H2:I2 单元格区域的填充柄向下填充，计算每门课程的总票数和排名，如图 4-5-13 所示。

H2　fx　=SUM(B2:G2)

	A	B	C	D	E	F	G	H	I	J	K
1		课程1	课程2	课程3	课程4	课程5	课程6	总票数	排名		
2	课程1		30	10	22	38	20	120	5	=rank. eq(H2, H:H)	
3	课程2	20		25	30	15	32	122	4		
4	课程3	40	25		20	15	28	128	3		
5	课程4	28	20	30		15	20	113	6		
6	课程5	12	35	35	35		18	135	1		
7	课程6	30	18	22	30	32		132	2		

图 4-5-13　统计各门课程的票数和排名

4.5.3　数据的标准化处理

如果指标数值的性质和单位都一致，可以直接加权求和计算综合值。但很多时候，我们处理的数据性质或单位不一致，这时就要对数据进行标准化处理。

比如，例 1 中的平时成绩和期中考试成绩是百分制的（即满分为 100 分），而期末考试成绩是 150 分制的，这时必须先将期末考试成绩转化为百分制的（这个过程就是数据的标准化处理），再利用经过标准化处理的数据计算综合得分。

分析：期末成绩标准化处理的计算公式为 $\frac{100x}{150}$。其中，x 为原期末成绩。

当我们处理的数据性质或单位不一致时，就要对数据进行标准化处理，去除数据的单位限制，将其转化为无量纲的纯数值，便于不同单位或量级的指标能够进行比较和加权。标准化处理最典型的就是 0-1 标准化法和 Z 标准化法。在此介绍 0-1 标准化法。

0-1 标准化也叫离差标准化，是对原始数据进行线性变换，使结果落到[0,1]区间。做 0-1 标准化时，对一列数据中的某一个数据进行标准化的公式为：

$$标准化值=\frac{原始值-最小值}{最大值-最小值}$$

标准化处理使用的公式和效果如图 4-5-14 所示。

B2 =(A2-MIN(A:A))/(MAX(A:A)-MIN(A:A))

	A	B
1	原始值	0-1标准化值
2	38336	0.133
3	35103	0.076
4	41529	0.190
5	44967	0.251
6	49935	0.339
7	56192	0.449
8	30795	0.000
9	33986	0.056
10	87302	1.000
11	47597	0.297
12	49594	0.333

图 4-5-14　数据 0-1 标准化处理

例 4：某房地产商对 13 名销售员的销售能力做综合评价（原始数据见图 4-5-15），根据专家意见，评价从“咨询人数”“成交量”“总业绩”3 个方面进行综合考量，权重分别为 10%、30%、60%。请用综合评价分析法对 13 名销售员的销售能力进行综合评价。数据源于“综合评价分析.xlsx”工作簿中的“综合销售能力”工作表。

	A	B	C	D
1		原始数据:		
2	销售员	咨询人数	成交量/套	总业绩/百万元
3	张三	400	58	928
4	李四	300	48	720
5	王二	280	45	756
6	杨鑫	200	40	600
7	张慧	250	65	680
8	郑福	320	70	860
9	郑胜	400	40	820
10	胡锋	500	65	580
11	周冰	300	45	480
12	邹林	280	50	468
13	张静	320	60	640
14	程斌	380	45	610
15	曹金	350	55	690

图 4-5-15　原始数据

分析：在计算某销售员的综合得分时，如果直接用原始数据去加权求和，由于"咨询人数"量比较大，就会放大该项目在评价销售员的销售能力时所起的作用，这是不太合理的，所以必须对所有数据进行标准化处理，操作如下。

（1）打开"综合评价分析.xlsx"文件，找到"综合销售能力"工作表，在 E3 单元格中使用公式"=(B3-MIN(B:B))/(MAX(B:B)-MIN(B:B))"对 B3 单元格的数据进行标准化处理。然后将 E3 单元格的填充柄拖到 E15 单元格，再将 E3:E15 单元格区域的填充柄拖到 G 列，完成所有数据的标准化处理，如图 4-5-16 所示。

图 4-5-16 对数据进行标准化处理

（2）在 H3 单元格中使用公式"=E3*10%+F3*30%+G3*60%"计算张三的综合得分，在 I3 单元格中使用公式"=rank.eq(H3,H:H)"计算张三的名次。最后拖曳 H3:I3 单元格区域的填充柄向下填充，结果如图 4-5-17 所示。

图 4-5-17 计算综合得分和名次

从原始数据的总业绩来看，张三排名第一，郑福排名第二。但从图 4-5-17 可知，综合得分最高的是郑福，这是因为综合得分的计算综合考虑了总业绩、成交量、咨询人数 3 个方面。

拓展：股票价格指数

股票价格指数是描述股票市场总的价格水平变化的指标。编制股票价格指数，通常以某年某月为基础（基期），用以后各时期（报告期）的股票价格和基期价格进行比较，计算出的升降百分比就是该时期的股票价格指数。

为了简化表述，我们假设股市里只有 3 只股票 A、B、C（见表 4-5-1），分析当前的股票价格指数。数据源于"综合评价分析.xlsx"工作簿中的"股价指数"工作表。

表 4-5-1　股价资料

股票名称	基期价格 p_0/元	报告期价格 p_1/元	发行量 q/万股
A	1.5	30.5	450
B	2.5	48.9	7800
C	2.2	19.7	3600

股票价格指数有两种计算方法。

方法一：股票价格指数=各股票涨幅的算术平均数

先计算各股票的涨幅（动态数列的发展速度），再求其平均值。

$$股票价格指数=\frac{\frac{30.5}{1.5}+\frac{48.9}{2.5}+\frac{19.7}{2.2}}{3}\approx16.283$$

道琼斯指数就是用这种方法计算的。

方法二：股票价格指数=$\dfrac{报告期的股价之和}{基期的股价之和}$

$$股票价格指数=\frac{30.5+48.9+19.7}{1.5+2.5+2.2}\approx15.984$$

这两种方法都未考虑到各只股票的发行量和交易量，计算出来的指数不够准确。

为使股票价格指数的计算更精确，我们先用综合评价分析法计算报告期和基期的**综合股价**，计算时用各股票**发行量占比**作为其权重。

$$报告期的综合股价=30.5\times\frac{450}{450+7800+3600}+48.9\times\frac{7800}{450+7800+3600}+19.7\times\frac{3600}{450+7800+3600}$$
$$\approx39.33（元）$$

$$基期的综合股价=1.5\times\frac{450}{450+7800+3600}+2.5\times\frac{7800}{450+7800+3600}+2.2\times\frac{3600}{450+7800+3600}$$
$$\approx2.37（元）$$

再将报告期的综合股价除以基期的综合股价，即股票价格指数，即 $\dfrac{39.33}{2.37}\approx16.59$

从简化的过程来看，计算权重式子中的分母（450+7800+3600）最终可以约分去除：

$$= \frac{30.5 \times \dfrac{450}{450+7800+3600} + 48.9 \times \dfrac{7800}{450+7800+3600} + 19.7 \times \dfrac{3600}{450+7800+3600}}{1.5 \times \dfrac{450}{450+7800+3600} + 2.5 \times \dfrac{7800}{450+7800+3600} + 2.2 \times \dfrac{3600}{450+7800+3600}}$$

$$= \frac{30.5 \times 450 + 48.7 \times 7800 + 19.7 \times 3600}{1.5 \times 450 + 2.5 \times 7800 + 2.2 \times 3600}$$

所以，今后计算综合股价的权重就不再用发行量的占比，而是直接用股票的发行量，这样就有了计算股票价格指数的第三种方法。

方法三：股票价格指数 $= \dfrac{\text{报告期的综合股价}}{\text{基期的综合股价}}$

计算综合股价的权重，可以用股票的发行量或成交量，也可以用总股本或总市值。

我国股票价格指数，如上证综合股票指数、深证综合股票指数等，都是按这种方法来计算的。

1. 上证综合股票指数

上证综合股票指数是由上海证券交易所编制的股票指数，1990 年 12 月 19 日正式开始发布。该股票指数的样本为所有在上海证券交易所挂牌上市的股票，其中新上市的股票在挂牌的第二天纳入股票指数的计算范围，权重为各股票的总股本（包括新股发行前的股份和新发行的股份的数量总和）。

2. 深证综合股票指数

深证综合股票指数是由深圳证券交易所编制的股票指数，1991 年 4 月 3 日为基期。该股票指数的计算方法基本与上证综合股票指数相同，其样本为所有在深圳证券交易所挂牌上市的股票，权重为股票的总股本。

由于深圳证券交易所的股票交投不如上海证券交易所那么活跃，深圳证券交易所后来改变了股票指数的编制方法，采用成分股指数（成分股指数是通过对所有上市公司进行考察，按照一定的标准选出一定数量有代表性的公司，采用成分股的可流通股数作为权重进行编制），选取 40 只具有代表性的股票计算股票指数。

3. 上证 180 指数

上证 180 指数是从上海证券市场中选取 180 家规模大、流动性好、行业代表性强的公司的股票为样本编制而成的成分股指数。该指数不仅在编制方法的科学性、成分选择的代表性和成分的公开性上有所突破，同时也恢复和提升了成分股指数的市场代表性，从而能更全面地反映股价的走势。统计表明，上证 180 指数的流通市值占到沪市流通市值的 50%，成交金额占比也达到 47%。它的推出有利于指导指数化投资，引导投资者理性投资，并促进市场对"蓝筹股"的关注。

4. 沪深 300 指数

沪深 300 指数是从上海和深圳证券市场中选取 300 只 A 股作为样本编制而成的成分股指数。

沪深 300 指数样本覆盖了沪深市场 60% 左右的市值，具有良好的市场代表性。沪深 300 指数是上海和深圳证券交易所第一次联合发布的反映 A 股市场整体走势的指数。它的推出丰富了市场现有的指数体系，增加了一项用于观察市场走势的指标，有利于投资者全面把握市场运行状况，也进一步为指数投资产品的创新和发展提供了基础条件。

4.6 四象限分析法

四象限分析法亦称波士顿矩阵法，是由美国著名的波士顿咨询公司创始人布鲁斯·亨德森于 1970 年首创的一种用来分析和规划企业产品组合的方法。该方法根据产品的市场增长率和市场占有率，将产品划分到 4 个不同的象限（划分标准可以取产品平均值、经验值、行业水平值），如图 4-6-1 所示。

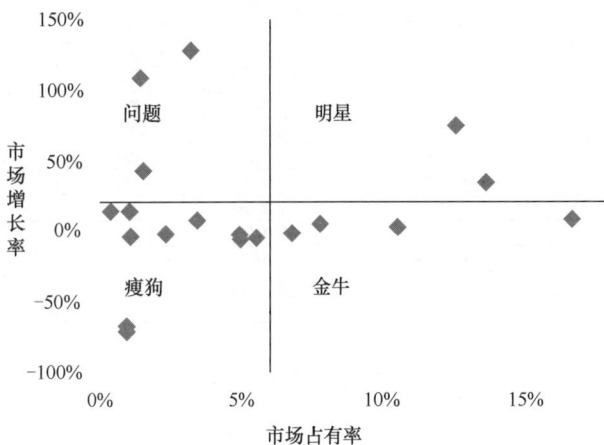

图 4-6-1　四象限分析图

各个象限的含义如下。

（1）第一象限，明星区，高度关注区。它是指处于高市场增长率、高市场占有率象限内的产品群。这类产品可能成为企业的金牛产品，需要加大投资，以支持其迅速发展。

（2）第二象限，问题区，优先改进区。它是指处于高市场增长率、低市场占有率象限内的产品群。前者说明市场机会大、前景好，而后者则说明在市场营销上存在问题。其财务特点是利润率较低，所需资金不足，负债比率高。例如，在产品生命周期中处于引进期、因种种原因未能开拓市场局面的新产品就属于此类问题产品。对问题产品应采取选择性投资战略。因此，对问题产品的改进与扶持方案一般均列入企业长期计划之中。对问题产品的管理组织，最好采取智囊团或项目组织等形式，选拔有规划能力、敢于冒风险、有才干的人负责。

（3）第三象限，瘦狗区，无关紧要区，衰退产品区。它是指处在低市场增长率、低市场占有率象限内的产品群。其财务特点是利润率低，处于保本或亏损状态，负债比率高，无法为企业带来收益。对这类产品应采用撤退战略：首先应减少批量，逐渐撤退，那些市场增长率和市场占有率均极低的产品应立即淘汰；其次是将剩余资源向其他产品转移；最后是整顿产品系列，最好将瘦狗产品与其他事业部合并，统一管理。

（4）第四象限，金牛区，维持优势区，厚利产品区。它是指处于低市场增长率、高市场占有率象限内的产品群，已进入成熟期。其财务特点是销售量大、产品利润率高、负债比率低，可以为企业提供资金，而且由于增长率低，也无须增加投资。

四象限分析法能指导管理层如何将企业有限的资源有效地分配到合理的产品结构中去，以保证企业收益，是企业在激烈的市场竞争中取胜的关键。

例： 某企业所有商品第一季度和第二季度的销售数据如图 4-6-2 所示，请用四象限分析法分析各种商品的特点。数据源于"四象限分析.xlsx"工作簿中的"市场分析"工作表。

	A	B	C	D	E
1	商品编号	一季度销售额/元	二季度销售额/元	二季度市场占比	二季度环比增幅
2	T001	211473	302238	1.22%	42.92%
3	T002	129777	161113	0.65%	24.15%
4	T003	2569620	2384447	9.61%	−7.21%
5	T004	1345570	1330311	5.36%	−1.13%
6	T005	1418381	2462726	9.93%	73.63%
7	T006	3559472	3768162	15.19%	5.86%
8	T007	1455282	1531412	6.17%	5.23%
9	T008	1038642	1480280	5.97%	42.52%
10	T009	177161	201652	0.81%	13.82%
11	T010	2506205	2758483	11.12%	10.07%
12	T011	620740	668954	2.70%	7.77%
13	T012	1993326	2060136	8.30%	3.35%
14	T013	1984624	2665278	10.74%	34.30%
15	T014	478370	708535	2.86%	48.11%
16	T015	467724	455046	1.83%	−2.71%
17	T016	1297008	1868962	7.53%	44.10%

图 4-6-2　销售数据

操作步骤如下。

（1）选择 D1:E17 单元格区域，插入散点图，如图 4-6-3 所示。

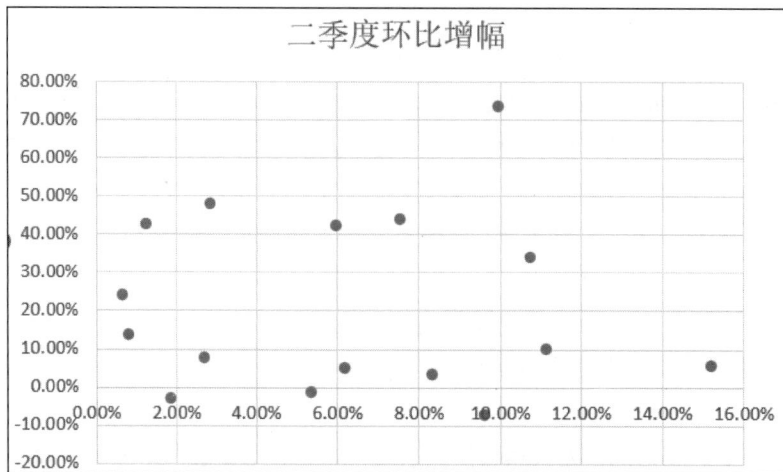

图 4-6-3　二季度"市场占比-环比增幅"散点图

（2）选择散点图上的横网格线，按 Delete 键将其删除；再选择竖网格线，同样按 Delete 键将其删除。

（3）下面将散点分成 4 个象限（环比增幅的划分标准为行业平均值 30%，市场占比的划分标准为行业平均值 7%），具体操作如下。

① 双击纵坐标轴区域，打开"设置坐标轴格式"窗格，在"坐标轴选项"下的"横坐标轴交叉"区域中选择"坐标轴值"单选项，并输入值"0.3"（即30%），如图4-6-4所示。这个操作的目的是将环比增幅按30%分成上下两个区域，也就是将横轴抬高到纵轴的30%处。继续将"标签位置"改为"低"，将数字的"小数位数"改为"0"，如图4-6-5所示。

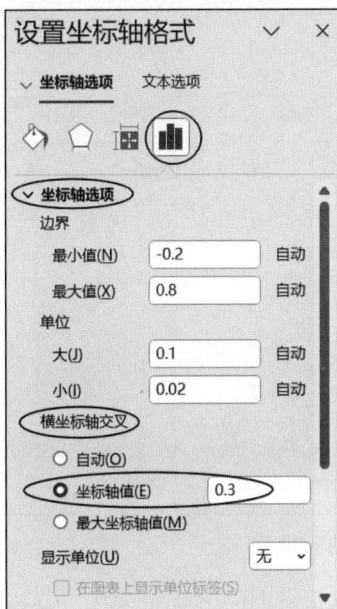

图 4-6-4　修改纵轴与横轴的交叉位置　　　图 4-6-5　修改纵轴的标签位置及小数位数

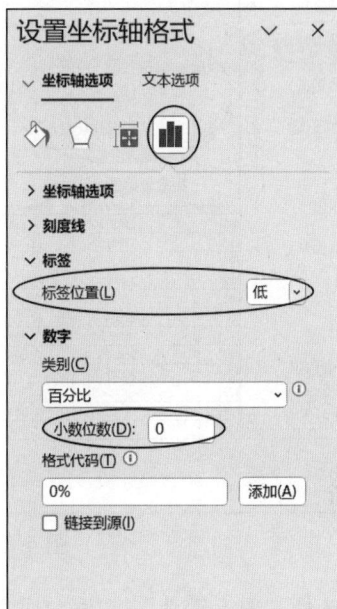

② 单击横坐标轴区域，切换到设置横坐标轴状态。用同样的方法将横坐标轴与纵坐标轴的交叉值设置为0.07（即7%），将"标签位置"改为"低"，数字的"小数位数"改为"0"。最后得到图4-6-6所示的效果。

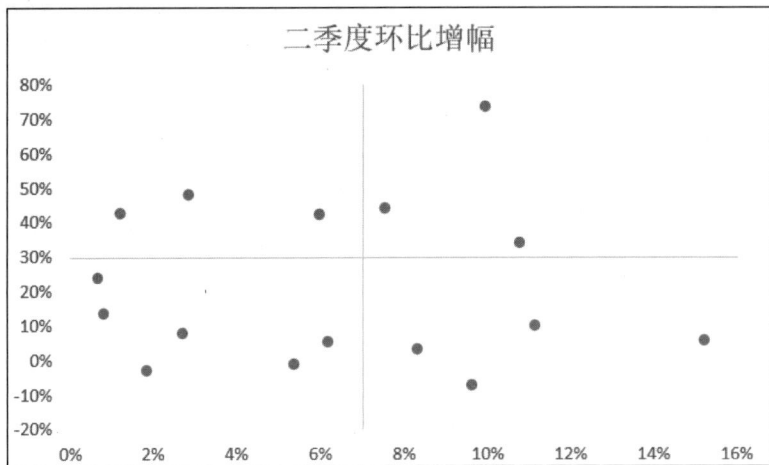

图 4-6-6　分成 4 个象限后的散点图

（4）选择散点图，选择"图表设计"|"添加图表元素"|"坐标轴标题"|"主要横坐标轴"和"主要纵坐标轴"命令，如图4-6-7所示。

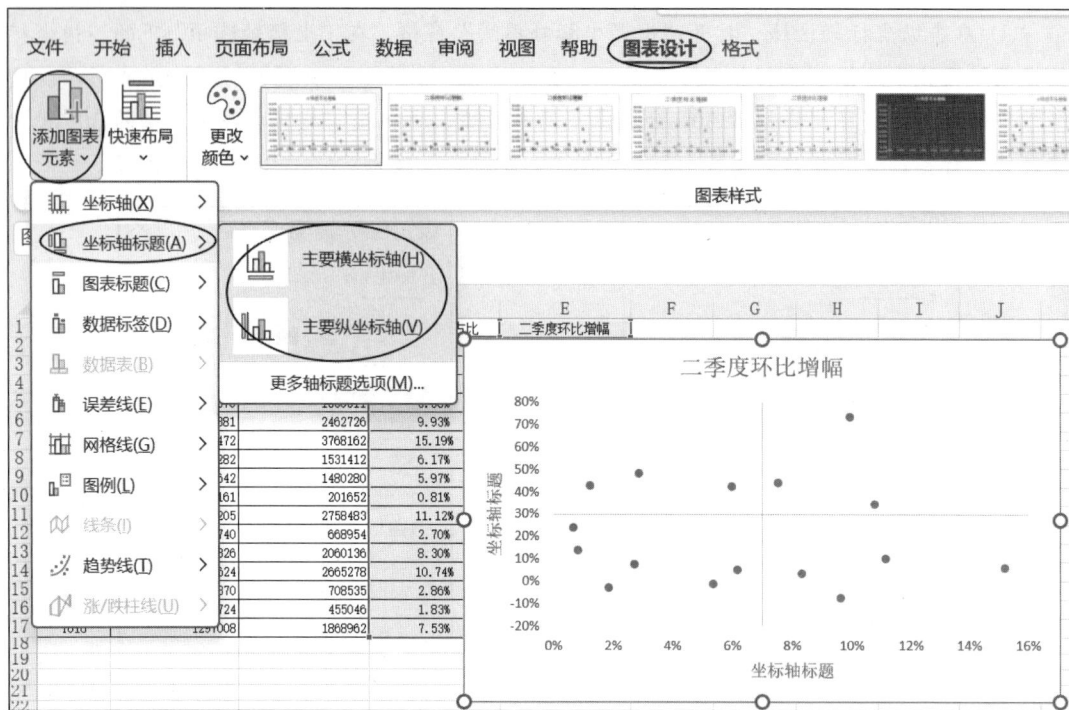

图 4-6-7　添加坐标轴标题

（5）选择"图表设计"|"添加图表元素"|"数据标签"|"上方"命令，给散点图添加数据标签，如图 4-6-8 所示。

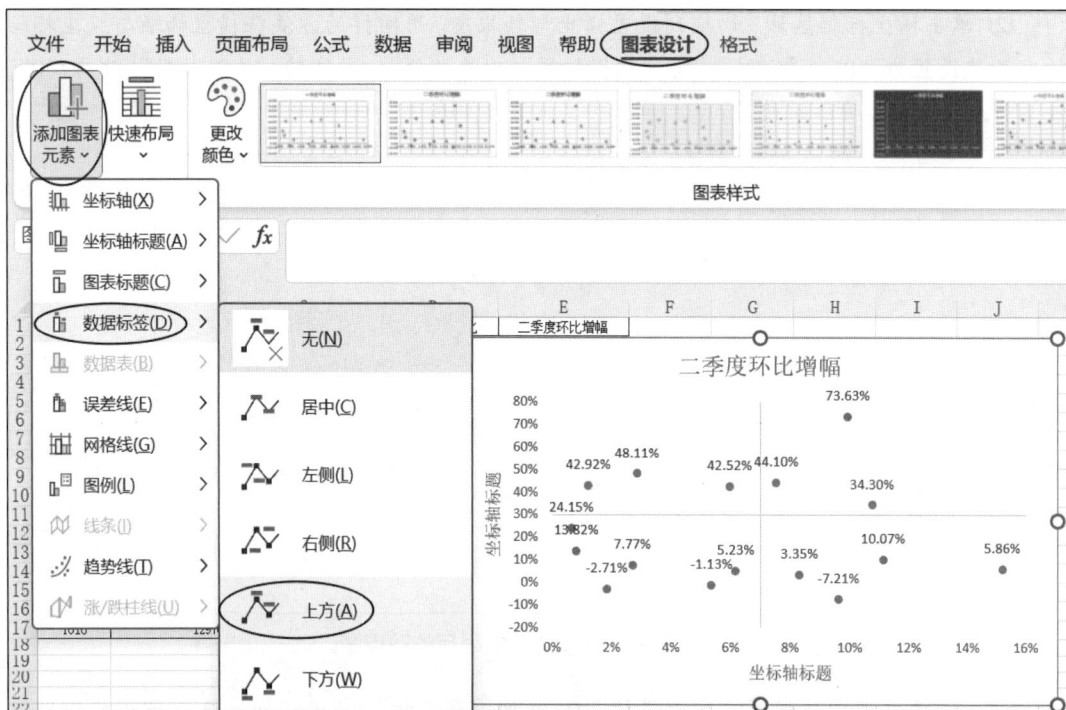

图 4-6-8　添加数据标签

（6）将图表标题修改为"二季度市场分析"，横坐标轴标题修改为"市场占比"，纵坐标轴标题修改为"环比增幅"。

（7）单击散点图上的数据标签，打开"设置数据标签格式"窗格。在"标签包括"区域中取消勾选"Y值"和"显示引导线"复选项，再勾选"单元格中的值"复选项，并选择工作表中的 A2:A17 单元格区域，如图 4-6-9 所示。

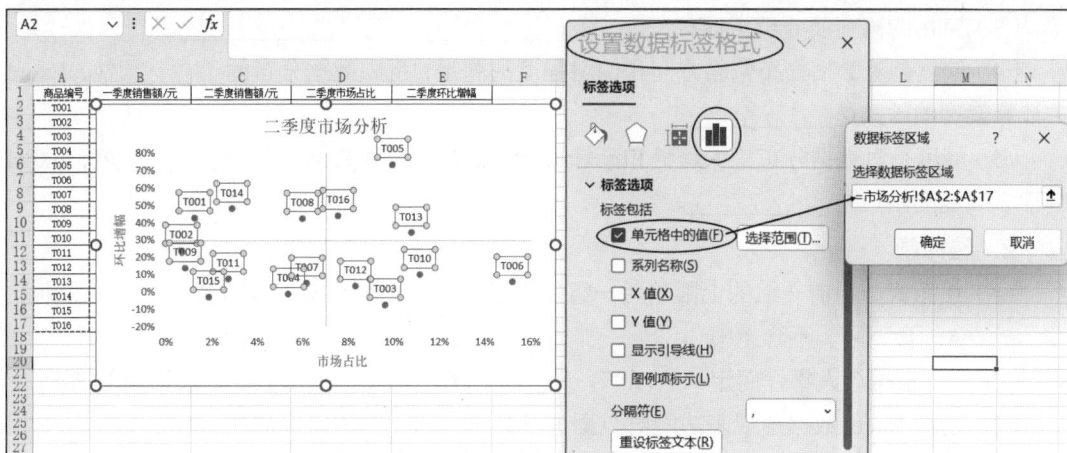

图 4-6-9 将数据标签修改为商品编号

（8）从图 4-6-9 可看出，标签 T009 和数据点有重叠，可选择这个标签（仅该标签具有控制点），将其略微向左下角移动。最后得到图 4-6-10 所示的四象限图。

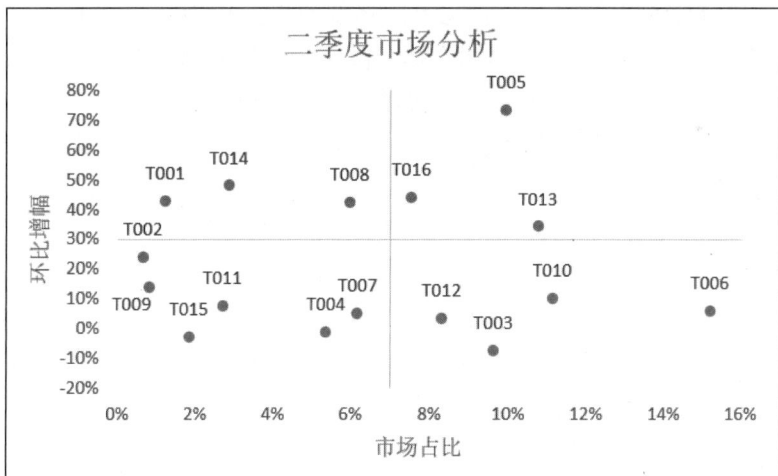

图 4-6-10 市场分析四象限图

从图 4-6-10 可知，产品 T005、T013、T016 落在第一象限，属于明星产品，需要加大投资以支持发展；产品 T003、T006、T010、T012 落在第四象限，属于金牛产品，无须增加投资；产品 T001、T008、T014、T002 落在第二象限，属于问题产品，应优先考虑加以改进；其他产品落在第三象限，属于瘦狗产品，可以考虑逐步淘汰，将资源向其他产品转移。

4.7 练习

1. 填空题

（1）统计分组时，根据每组标志表现的多少，可以分为_____和_____。

（2）统计分组常用的 3 种方法是_____、_____、_____。

（3）常用的离散度分析指标有_____。

（4）偏度是对数据分布偏斜方向和偏斜程度的测定，反映数据分布的_____性，Excel 中计算偏度的函数是_____。

（5）峰度是对数据分布集中趋势和高峰形状的测定，反映数据分布的_____度，Excel 中计算峰度的函数是_____。

2. 选择题

（1）组距式分组前一组的上限与后一组的下限相同时，统计学一般遵循（　　）原则。

  A. 含下限、不含上限　　　　　　　　B. 不含下限、含上限

  C. 根据个人喜好而定　　　　　　　　D. 不允许出现上、下限相同的情况

（2）利用 Excel 数据透视表功能对数据进行分组，以下描述错误的是（　　）。

  A. 可以对数据进行单项式分组，也可以进行组距式分组

  B. 可以对数据进行等距分组，也可以进行不等距分组

  C. 当前一组的上限与后一组的下限相同时，数据透视表统计结果遵循"含下限、不含上限"的原则

  D. 可以统计各组的频数，也可以统计各组的和或平均值

（3）利用 Excel 的"直方图"工具对数据进行分组时，以下描述正确的是（　　）。

  A. 可以对数据进行等距分组，也可以进行不等距分组

  B. 必须给定每一组的下限值

  C. 直方图的统计结果遵循"含下限"的原则

  D. 可以统计各组的频数，也可以统计各组的和或平均值

（4）描述性统计指标中，反映总体波动幅度的指标是（　　）。

  A. 平均数　　　　　B. 中位数　　　　　C. 众数　　　　　D. 标准差

（5）以下统计指标中，不能反映数据波动幅度的指标是（　　）。

  A. 四分位数　　　　B. 四分位差　　　　C. 方差　　　　　D. 标准差

（6）计算总体标准差的函数是（　　）。

  A. Median　　　　　B. Mode　　　　　C. Var.p　　　　　D. Stdev.p

（7）以下关于方差的论述中，正确的是（　　）。

  A. 一组数据的方差越大，说明数据的波动幅度越小

  B. 一组数据的方差越大，说明数据的波动幅度越大

  C. 一组数据的方差越大，说明平均数越大

  D. 一组数据的方差越大，说明平均数越具有代表性

（8）研究动态数列时，发展速度=报告期水平/基期水平，发展速度属于（　　）。

    A．总量指标　　　　B．平均指标　　　　C．相对指标　　　　D．标志表现

（9）同比发展速度=报告期水平/上年同期水平，同比发展速度属于（　　）。

    A．结构相对指标　　　　　　　　　　B．对比相对指标

    C．强度相对指标　　　　　　　　　　D．完成程度相对指标

（10）某企业今年4月份的销售额与今年3月份相比增加了5%，我们就说4月份销售额（　　）增加了5%。

    A．同比　　　　　　B．环比　　　　　　C．正比　　　　　　D．反比

（11）某企业今年10月份的销售额比去年10月份同期增加了5%，我们就说该企业今年10月份的销售额（　　）增加了5%。

    A．同比　　　　　　B．环比　　　　　　C．正比　　　　　　D．反比

（12）某公司今年10月份的利润率是44%，比上个月的22%利润率提高了（　　）。

    A．2倍　　　　　　B．50%　　　　　　C．22%　　　　　　D．22个百分点

（13）某只股票第一天涨了10%，第二天跌了10%，那么这只股票（　　）。

    A．没涨没跌，维持原价　　　　　　B．条件不足，不能确定

    C．涨了1%　　　　　　　　　　　　D．跌了1%

（14）某公司的业绩从2020年开始连年增长，2021年的发展速度为110%，2022年的发展速度为120%，2023年的发展速度为130%。该公司3年来业绩的总发展速度是（　　）。

    A．110%×120%×130%　　　　　　B．110%+120%+130%

    C．$\sqrt[3]{110\%×120\%×130\%}$　　　D．$\sqrt[3]{110\%×120\%×130\%}$ −1

（15）某股票第一天涨3%，第二天涨2%，第三天涨5%，则3天一共涨（　　）。

    A．3%+2%+5%　　　　　　　　　　B．3%*2%*5%

    C．103%*102%*105%　　　　　　　D．103%*102%*105% −100%

（16）A、B两只股票初始价格相同，A股票第一天涨5%，第二天跌5%；B股票第一天跌5%，第二天涨5%。那么，对于A、B股票的价格，下列说法正确的是（　　）。

    A．两只股票的价格仍然相同　　　　B．A股价高于B股价

    C．B股价高于A股价　　　　　　　　D．条件不足，无法确定

（17）在回归分析中，被预测或被解释的变量称为（　　）。

    A．自变量　　　　　B．因变量　　　　　C．随机变量　　　　D．非随机变量

（18）回归方程$y=a+bx$中，回归系数b为负数，说明因变量与自变量（　　）。

    A．正相关　　　　　B．负相关　　　　　C．微弱相关　　　　D．低度相关

（19）设商品产量y（件）与商品价格x（元）的一元线性回归方程为$y=60+38x$，这意味着商品价格每提高1元，产量平均（　　）。

    A．增加38件　　　　B．减少38件　　　　C．增加60件　　　　D．减少60件

（20）以下关于相关与回归的论述中，错误的是（　　）。

    A．回归系数和相关系数的符号是一致的，其符号均可以用来判断变量之间的关系是正相关还是负相关

    B. 两个分析师对同一组数据进行回归分析，得到两个不同的数学模型。模型一的决定系数 R^2 为 0.82，模型二的决定系数 R^2 为 0.75，说明模型一的模拟效果较模型二更佳

    C. Excel 中，利用 Correl 函数计算得到两个变量的相关系数 $r=0.2$，那么可以认为这两个变量不相关

    D. 变量之间的线性相关程度越低，则相关系数 r 越接近 0

（21）下列现象中，相关密切程度最高的是（   ）。

    A. 商品产量与单位成本之间的相关系数为 -0.91

    B. 商品流通费用与销售利润之间的相关系数为 -0.5

    C. 商品销售额与广告费之间的相关系数为 0.62

    D. 商品销售额与利润之间的相关系数为 0.8

3. 操作题

（1）对"数据分析-课后练习.xlsx"工作簿中"双肩包"工作表的数据进行分组统计。

① 统计淘宝和天猫的店铺数量和 30 天销售总额，如图 4-7-1 所示。

类别 ▼	店铺数量	30天销售总额
淘宝	1170	108170898.9
天猫	584	118144236.9
总 计	1754	226315135.8

图 4-7-1　淘宝和天猫数据比较

② 统计每年的店铺数量，如图 4-7-2 所示。

年份 ▼	店铺数量
2015年	13
2016年	23
2017年	38
2018年	102
2019年	119
2020年	224
2021年	281
2022年	399
2023年	412
2024年	143
总 计	1754

图 4-7-2　每年的店铺数量

③ 统计价格在区间 0～100 元、100～200 元、200～300 元、300～400 元、400～500 元、500～600 元、600～700 元、700～800 元、800～900 元、900～1000 元的宝贝在 30 天内的销售额总和如图 4-7-3 所示。

（2）已知节能灯泡使用时数调查资料如图 4-7-4 所示，请依据该资料计算节能灯泡使用时数的平均数、众数、中位数。数据源于"数据分析-课后练习.xlsx"工作簿中的"节能灯泡"工作表。

价格/元	30天总销售额
0~100	28748368.94
100~200	58535724.37
200~300	53594307.29
300~400	41165394.95
400~500	16301333.31
500~600	16228453
600~700	5754344.79
700~800	2021646.14
800~900	3038461.04
900~1000	927102
总计	226315135.8

图 4-7-3　各区间价格销售额统计

	A	B
1	节能灯泡使用时数分组资料	
2	使用时数/小时	个数/只
3	2000以下	10
4	2000~2500	30
5	2500~3000	60
6	3000~3500	200
7	3500~4000	70
8	4000~4500	40
9	4500以上	20

图 4-7-4　节能灯泡使用时数调查资料

（3）打开"数据分析-课后练习.xlsx"工作簿中的"月薪调查"工作表，计算平均月薪。

（4）打开"数据分析-课后练习.xlsx"工作簿中的"双肩包"工作表，分别用函数和描述统计工具计算价格的平均数、中位数、众数、极差、四分位差、方差、标准差、偏度和峰度，并解读各数据的含义。

（5）已知某企业 2022—2023 年各月销售额资料如图 4-7-5 所示，请计算 2023 年各月的环比发展速度、同比发展速度、环比增长速度、同比增长速度。数据源于"数据分析-课后练习.xlsx"工作簿中的"速度指标"工作表。

	A	B	C	D	E	F	G	H	I	J	K	L	M
1	某企业2022—2023年各月销售额/万元												
2	月 年	1	2	3	4	5	6	7	8	9	10	11	12
3	2022年	230	253	176	105	72	52	41	36	71	144	248	266
4	2023年	240	270	178	105	76	50	38	35	76	151	250	270
5	环比发展速度/%												
6	同比发展速度/%												
7	环比增长速度/%												
8	同比增长速度/%												

图 4-7-5　企业销售额资料

（6）某企业 2019—2023 年各季的销量统计如图 4-7-6 所示，请用同期平均法计算各季的季节指数，并根据季节指数预测 2024 年各季的销量。数据源于"数据分析-课后练习.xlsx"工作簿中的"同期平均法"工作表。

	A	B	C	D	E	F
1	某企业近五年各季销量/万件					
2	年份\季度	2019	2020	2021	2022	2023
3	1	19	20	21	22	23
4	2	40	43	42	45	48
5	3	52	58	60	62	65
6	4	27	28	29	28	30

图 4-7-6　企业销量

（7）某网店 2019—2023 年的销售额统计如图 4-7-7 所示，请用移动平均趋势剔除法计算各季的季节指数，并根据季节指数预测 2024 年各季的销售额。数据源于"数据分析-课后练习.xlsx"工作簿中的"趋势剔除法"工作表。

	A	B	C	D	E	F	G	H	I	J	K	L	M	N	O	P	Q	R	S	T	U
1	年份	2019				2020				2021				2022				2023			
2	季度	1	2	3	4	1	2	3	4	1	2	3	4	1	2	3	4	1	2	3	4
3	销售额/万元	10	50	80	90	15	54	85	93	22	60	88	95	23	64	90	99	25	70	93	98

图 4-7-7　网店销售额

（8）某公司统计出的历年年销售额和广告投入费用资料如图 4-7-8 所示，数据源于"数据分析-课后练习.xlsx"文件中的"相关与回归"工作表，请对该数据做相关分析和回归分析。

	A	B	C
1	年销售额/万元	电视广告费用/千元	报纸、宣传画册广告费用/千元
2	254.4	10	2
3	286.8	10	2
4	394.8	20	2
5	409.2	20	2
6	510	40	2
7	518.4	40	2
8	588	50	3
9	633.6	50	3
10	712.8	60	3
11	762	60	3

图 4-7-8　公司年销售额和广告投入费用资料

（9）在某学院院级领导干部的民主测评过程中，对院级领导干部的测评从以下 9 个项目进行：①大局意识；②政策水平；③工作能力；④组织领导能力；⑤解决复杂问题的能力；⑥履行职责成效；⑦制度建设和基础性工作；⑧工作作风；⑨廉洁自律。请用目标优化矩阵法计算每个项目的权重。

（10）企业的规模一般由企业的劳动力数量、企业的固定资产、企业的年产值 3 项指标综合决定，经过专家讨论决定，3 项指标的权重分别为 35%、45%、20%。已知某 7 家制衣厂的

"劳动力数量""固定资产""年产值"数据如图 4-7-9 所示。请用综合评价分析法对这 7 家企业的规模进行综合评价，并对这 7 家企业的规模做一个排序。数据源于"数据分析-课后练习.xlsx"文件中的"综合评价"工作表。

	A	B	C	D
1	企业名称	劳动力数量/人	固定资产/万元	年产值/万元
2	企业1	400	160	70
3	企业2	300	120	60
4	企业3	280	150	50
5	企业4	350	150	60
6	企业5	620	200	100
7	企业6	780	200	80
8	企业7	500	150	70

图 4-7-9　各企业的基本数据

数据的展现

知识目标

　　1. 掌握统计表的构成、分类。

　　2. 掌握柱形图、条形图、折线图、面积图、饼图、圆环图、树状图、旭日图、散点图、气泡图、直方图、排列图、箱形图、瀑布图、漏斗图、股价图、雷达图等的特点和使用场景。

技能目标

　　1. 根据数据特点选择合适的统计图展现数据。

　　2. 熟练掌握统计图的编辑、修改、美化。

　　3. 熟练制作各种组合图、双坐标图、透视图、动态图。

素质目标

　　1. 培养数据展现意识，促进沟通、提高工作效率。

　　2. 通过统计表、统计图的设计、美化，提高美学素养。

数据展现是指进一步优化数据分析的结果，用更加直观、有效的方式将数据展现出来。常见的数据展现方式有统计表和统计图。一般情况下，能用表格说明问题的就不用文字，能用图片说明问题的就不用表格。

5.1 统计表

把数据按一定的顺序排列在表格中，就可形成统计表。统计表是用于展现数字资料整理结果的常用表格。

5.1.1 统计表的构成

从形式上看，统计表是由纵横交叉的直线组成的左右两边不封口的表格，表的上面有总标题（即表的名称），左边有横行标题，上方有纵栏标题，表内是统计数据。图 5-1-1 所示为我国历次人口普查文盲人口统计表构成。

我国历次人口普查文盲人口统计表 — 总标题

普查年份	全国人口/万人	文盲人口/万人	文盲率/%
1964年	69458	23327	33.58
1982年	100818	22996	22.81
1990年	113368	18003	15.88
2000年	136583	8570	6.72
2010年	133972	5466	4.08
2020年	141178	3775	2.67

横行标题（指向"普查年份"列）　纵栏标题（指向"文盲率/%"）　统计数据（指向 6.72）

注：1964年文盲人口为13岁及13岁以上不识字人口，1982、1990、2000、2010、2020年均为15岁及15岁以上不识字的人口。

图 5-1-1　统计表构成

为了使统计表的设计更科学、实用、简明和美观，应注意以下 4 个问题。

（1）总标题要简明扼要，并能准确说明表中的内容。

（2）统计表上下两端的直线应当用粗线绘制，表中其他线条一律用细线绘制，表的左右两端习惯上均不画线，采用开口式。

（3）统计数据应有计算单位，如果全表的计算单位是相同的，应在表的总标题上注明计算单位；如果表中同栏指标数据的计算单位相同而各栏之间不同，则应在各栏标题中注明计算单位。

（4）必须对某些资料进行说明时，应在表的下面注明。

5.1.2 统计表的分类

按分组情况不同，统计表又可以分为简单表、分组表和复合表。

（1）简单表：指总体未经任何分组的统计表。

（2）分组表：指按一个分组标志对总体进行分组的统计表。

（3）复合表：指按两个或两个以上标志对总体进行分组的统计表，如图 5-1-2 所示。

2020年人口普查统计表（第七次人口普查）

类别		人数	比重/%
按城乡分	城镇	901991162	63.9
	乡村	509787562	36.1
按性别分	男	723339956	51.2
	女	688438768	48.8
按年龄分	0～14岁	2533383938	17.9
	15～59岁	894376020	63.4
	60岁及以上	264018766	18.7
合计		1411778724	100

图 5-1-2　复合表

5.2 统计图

统计图是利用几何图形或具体形象展现统计资料的一种形式。它的特点是形象直观、富于表现、便于理解，因而绘制统计图也是整理统计资料的重要内容之一。统计图可以表明总体的规模、水平、结构、对比关系、依存关系、发展趋势和分布状况等，更有利于进行统计分析与研究。下面介绍如何利用 Excel 来绘制统计图。

5.2.1 柱形图、条形图

一、柱形图

柱形图是展现数据关系常用的图形，用于显示各项数据之间的比较情况或显示一段时间内的数据变化。分组数据和动态数列都比较适合用柱形图来展现，如图 5-2-1 和图 5-2-2 所示。

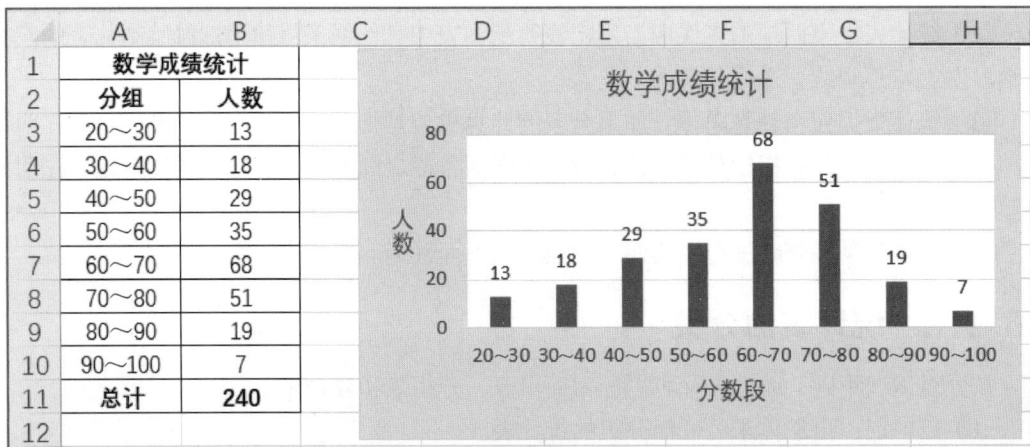

	A	B
1	数学成绩统计	
2	分组	人数
3	20～30	13
4	30～40	18
5	40～50	29
6	50～60	35
7	60～70	68
8	70～80	51
9	80～90	19
10	90～100	7
11	总计	240
12		

图 5-2-1　柱形图展现分组数据

图 5-2-2　柱形图展现动态数列

用柱形图展现多系列数据时，可以选择簇状柱形图、堆积柱形图、百分比堆积柱形图。簇状柱形图的特点是各系列柱子一字排开，便于比较各系列数据的大小，如图 5-2-3 所示；堆积柱形图的特点是各系列柱子呈堆叠状，便于查看系列之和，如图 5-2-4 所示；百分比堆积柱形图的特点是各系列柱子堆叠后是等高的，便于比较各系列数据的占比，如图 5-2-5 所示。

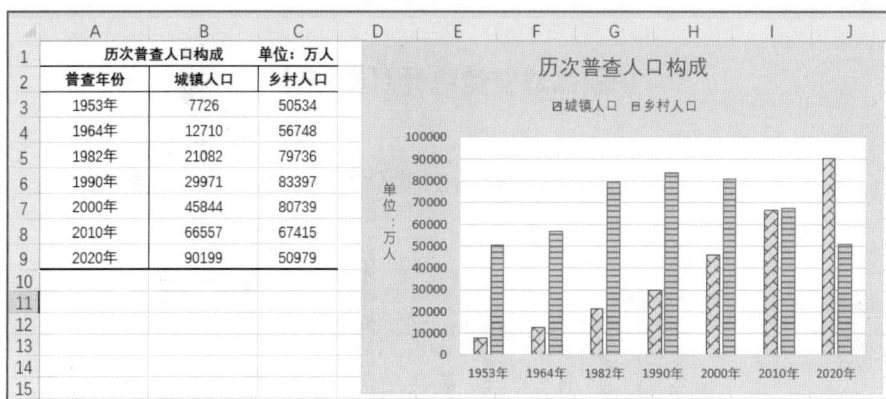

图 5-2-3　簇状柱形图

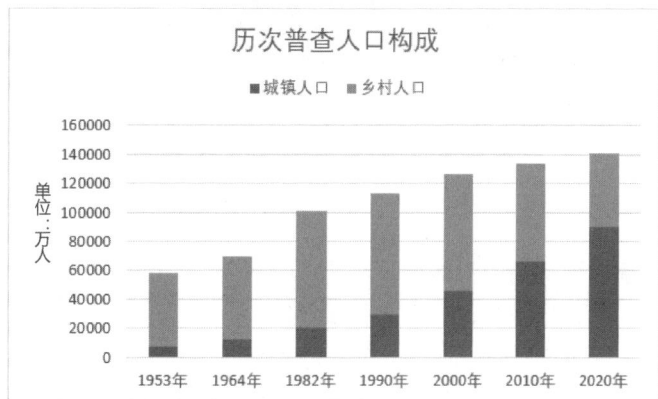

图 5-2-4　堆积柱形图

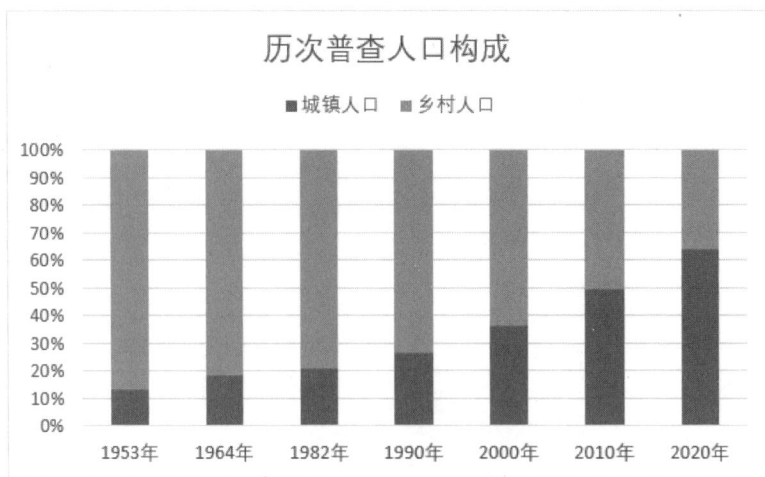

图 5-2-5　百分比堆积柱形图

二、条形图

条形图就是将柱形图顺时针旋转 90° 后所得的效果图，其作用与柱形图一样。一般来说，如果柱形图的水平轴标签或数据标签过长（见图 5-2-6），就会影响数据的可读性，这时建议改用条形图（见图 5-2-7）。

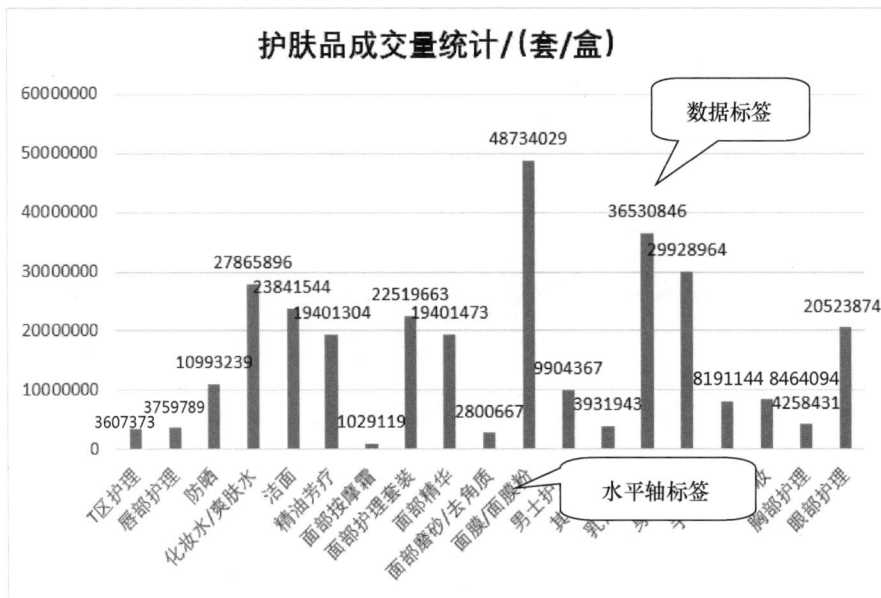

图 5-2-6　标签过长的柱形图

图 5-2-7 所示的条形图的绘制步骤如下。

（1）选择 A1:B20 单元格区域，插入簇状条形图。

（2）调整图表大小，使垂直轴显示所有护肤品名称。

（3）选择垂直轴，坐标轴选项设置为"逆序排列"，使垂直轴标签从上到下与统计表数据同序。

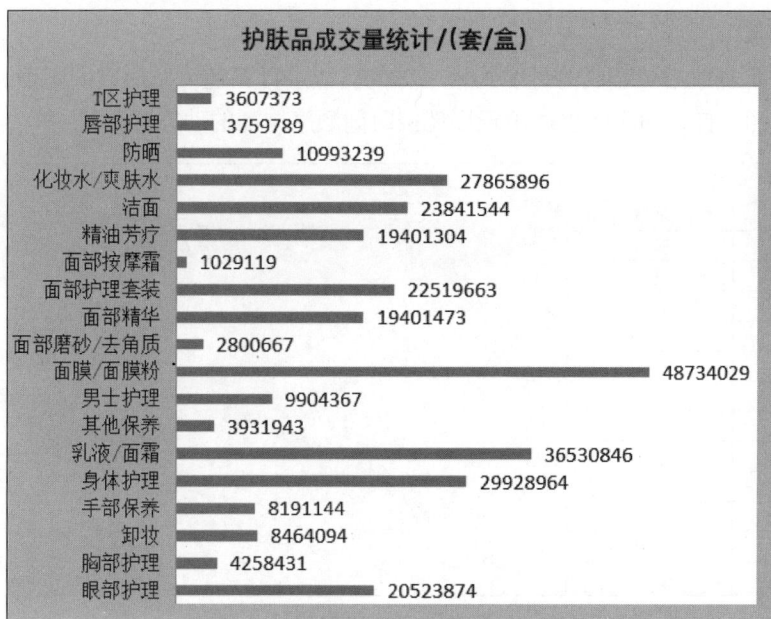

图 5-2-7　条形图

（4）在条形外侧添加数据标签。

（5）因为添加了数据标签，顶部的水平轴刻度就没有什么作用了，将其删除。

（6）给图表区、绘图区填充不同颜色以美化图表。

5.2.2　折线图、面积图

一、折线图

折线图一般用于展现数据随时间变化的趋势，所以动态数列的统计指标一般均可用折线图展现，如图 5-2-8 所示。

图 5-2-8　折线图展现动态数列的变化趋势

二、面积图

面积图就是对数据点连成的折线到水平轴的区域进行颜色填充形成的图形，如图 5-2-9 所示。和折线图一样，面积图也适用于展现按时间顺序排列的动态数列。

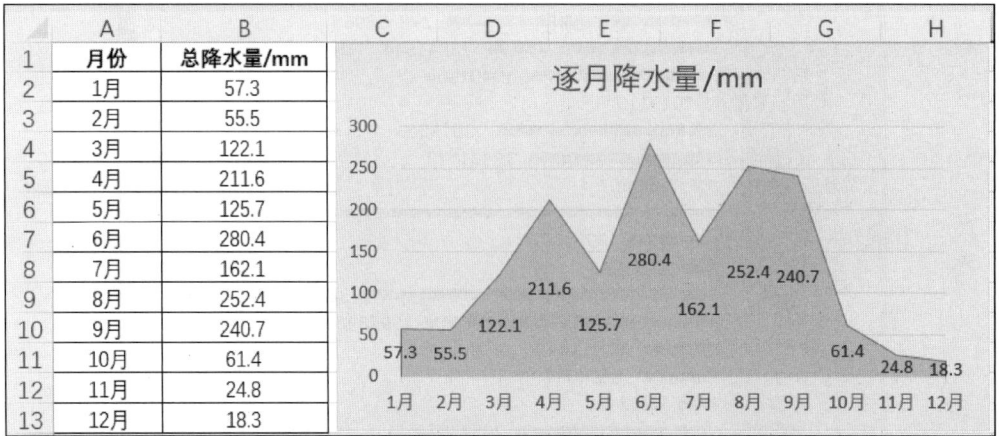

图 5-2-9　面积图

如果不仔细查看数据，从外观上很难区分堆积折线图和普通折线图，如图 5-2-10 所示。所以一般少用堆积折线图，而多用堆积面积图，如图 5-2-11 所示。

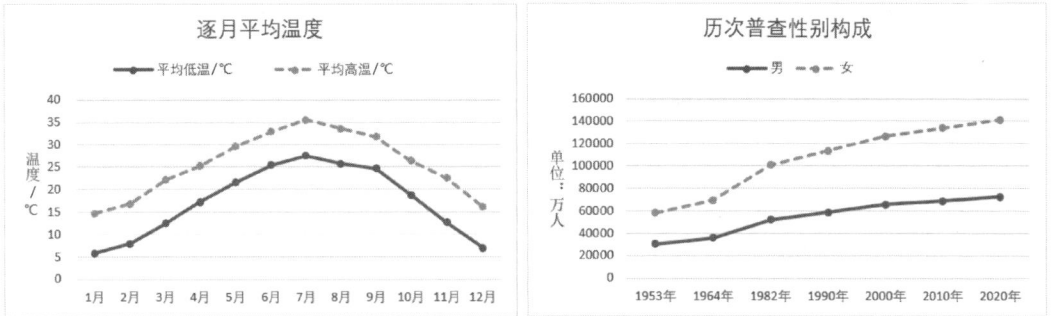

图 5-2-10　普通折线图（左）、堆积折线图（右）

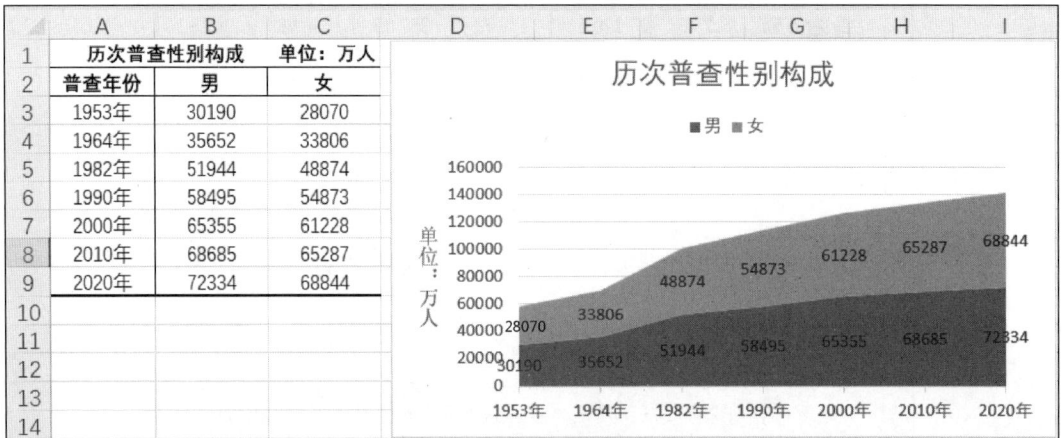

图 5-2-11　堆积面积图

5.2.3 饼图、圆环图、树状图、旭日图

一、饼图

将数据分成若干组，表示每组所占的比重一般用饼图。结构相对指标都用饼图展现，如图 5-2-12 所示，饼图从 12 点钟方向、顺时针、按统计表的数据顺序显示各组数据。

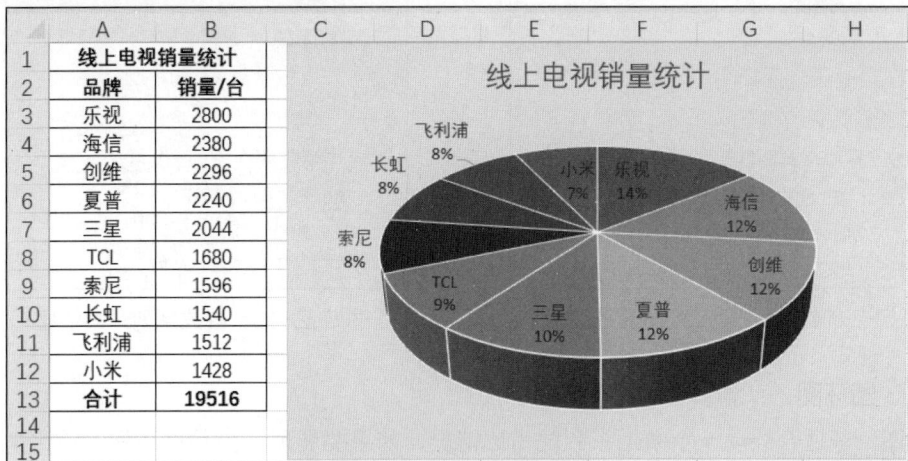

图 5-2-12　三维饼图

制作饼图时，有时会遇到这种情况：饼图中的一部分数值的占比较小，将其放到同一个饼图中难以看清这些数据。这时可使用子母饼图或复合条饼图，提高小百分比数据的可读性，如图 5-2-13 所示。

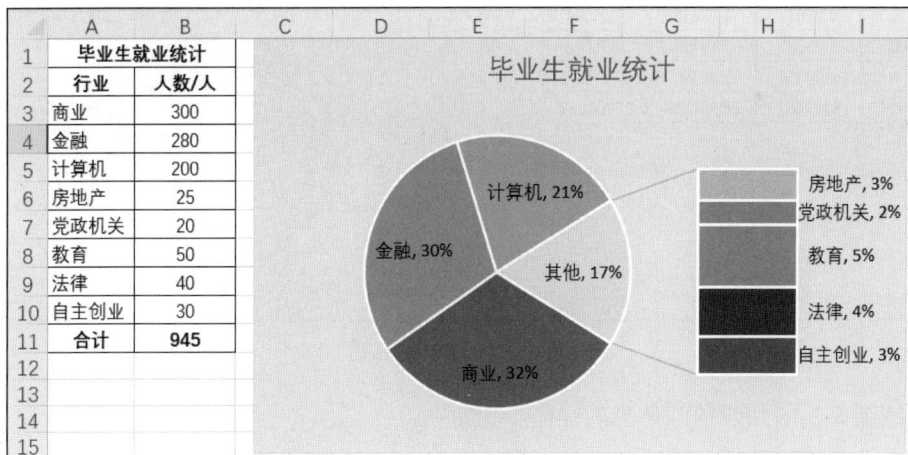

图 5-2-13　复合条饼图

绘制图 5-2-13 所示的复合条饼图的关键操作如下。

复合条饼图的第二绘图区默认是按位置分割，且第二绘图区包含最后 3 个数据。该统计表最后 5 个数据都比较小，应设置第二绘图区包含最后 5 个数据，如图 5-2-14 所示。

如果统计表中的数据并不是按从大到小的顺序排列，则可以修改为按值或百分比值进行分割，如图 5-2-15 所示。

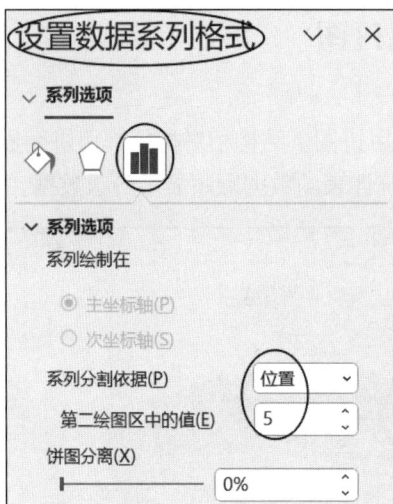

图 5-2-14　修改第二绘图区数据的个数　　　图 5-2-15　修改系列分割依据

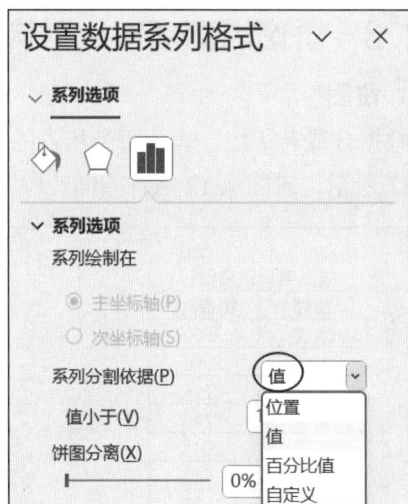

二、圆环图

饼图一般适合展现一个数据系列的占比情况，如果要展现多个数据系列的占比情况，可以使用圆环图，一个环对应一个系列，如图 5-2-16 所示。和饼图一样，圆环图也从 12 点钟方向、顺时针、按统计表的数据顺序显示各组数据。

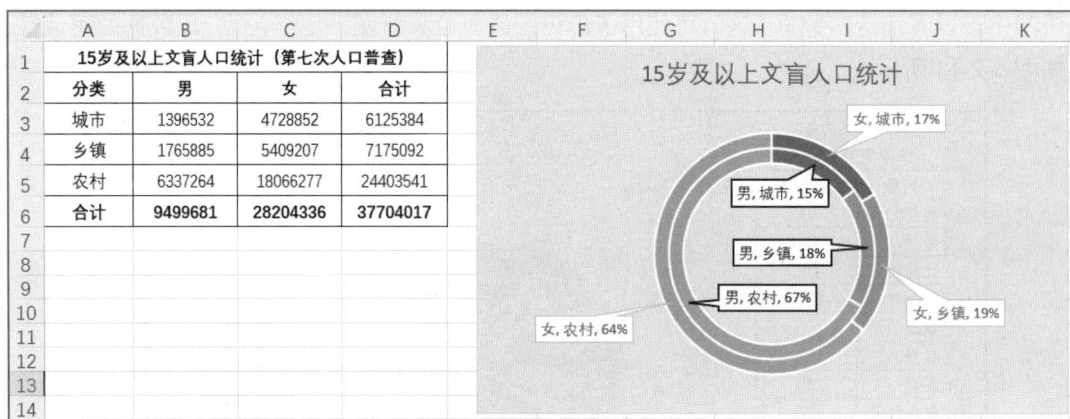

图 5-2-16　圆环图

绘制图 5-2-16 所示的圆环图的操作步骤如下。

（1）选择 A2:C5 单元格区域，插入圆环图。

（2）选择图表，在"图表设计"选项卡中选择"添加图表元素"｜"数据标签"｜"数据标注"命令，如图 5-2-17 所示。

（3）选择数据标签，设置数据标签显示"系列名称""类别名称""百分比"，如图 5-2-18 所示。

（4）修改图表标题，给图表区填充淡蓝色，删除图例。

（5）将系列男的数据标签逐个拖到环内，将系列女的标签逐个拖到环外。

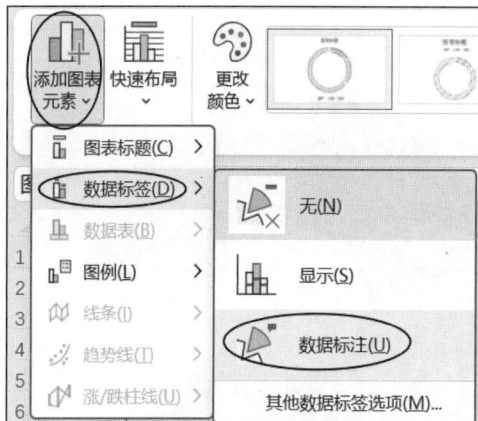

图 5-2-17　添加数据标签

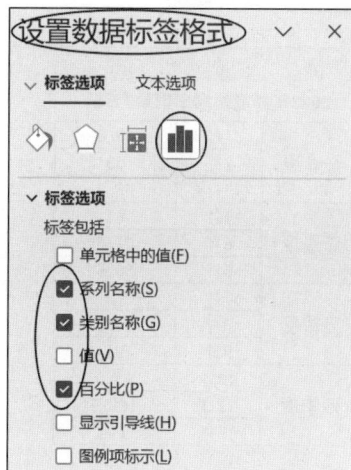

图 5-2-18　设置数据标签格式

三、树状图

树状图采用矩形从大到小显示各类别的值，如图 5-2-19 所示，虽然统计表中四季度的数据在最后面，但四季度的销量最大，所以反而在最面前。

另外，树状图还可以按不同层级展现数据。例如，图 5-2-19 既可以按季度展现数据，也可以按月展现数据。

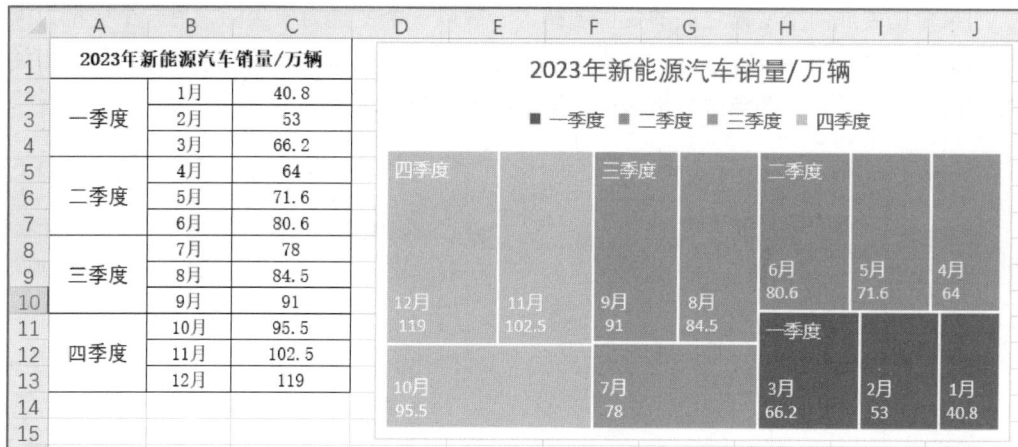

图 5-2-19　两个层级的树状图

四、旭日图

从功能上看，旭日图和树状图差不多，都是从大到小显示各类别的数据，适用于按不同层级展现数据，如图 5-2-20 所示。不同的是，树状图一般适用于两个层级，如果有多个层级，一般就用旭日图。

从外观上看，旭日图和圆环图非常像，也是由多个圆环组成。但旭日图和圆环图有两个明显的不同：一是圆环图按数据本身的顺序展示数据，而旭日图则按从大到小的顺序展示数据；二是圆环图适用于多个系列，且这些系列不需要具备包含关系，可以是并列的，而旭日图适用于一个系列，但这个系列可以按多个层级分类，这些层级具有包含关系。

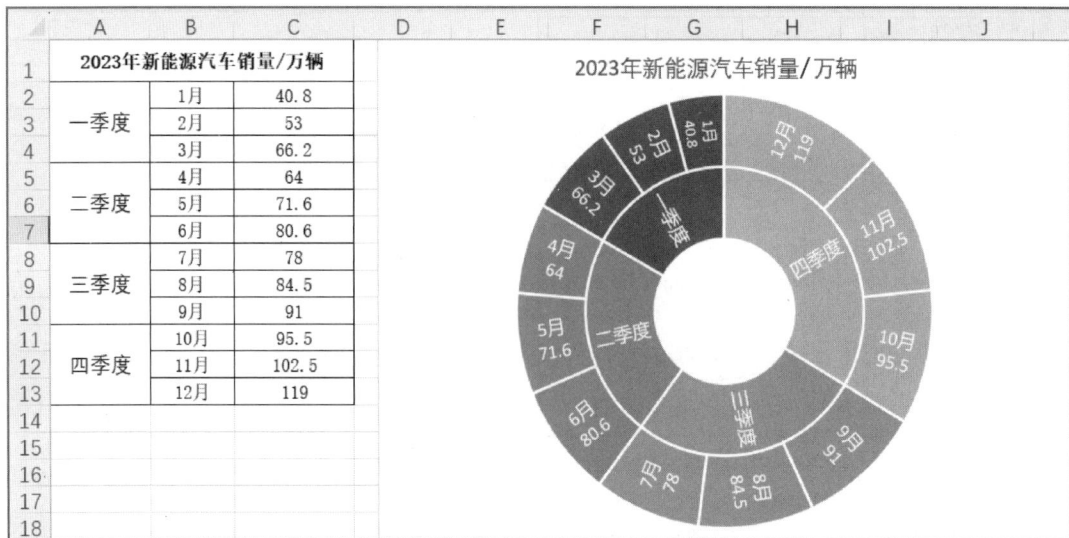

图 5-2-20　两个层级的旭日图

5.2.4　散点图、气泡图

一、散点图

如果希望展现两个变量之间的变化规律，一般以一个变量为横坐标，另一个变量为纵坐标绘制散点图，如图 5-2-21 所示。散点图有利于找寻两个变量之间的关系，经常用于相关分析和回归分析；另外，四象限分析法也用散点图展现数据。

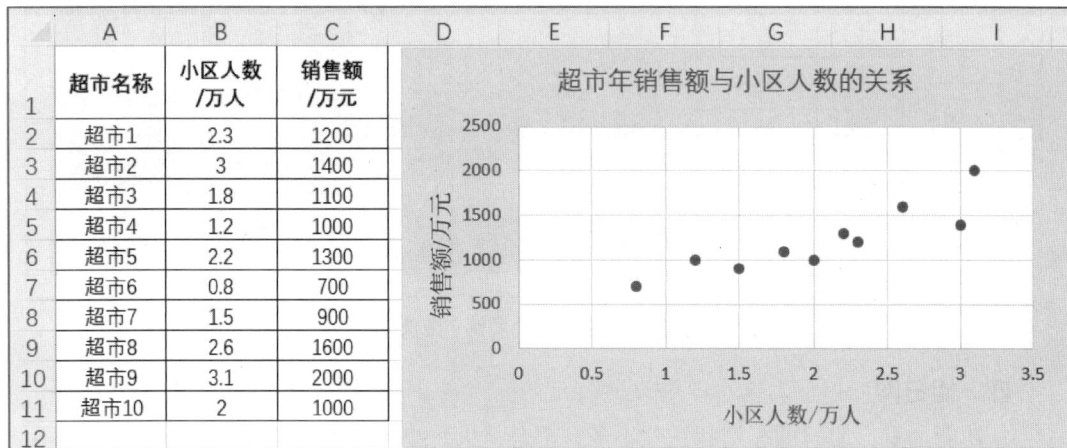

图 5-2-21　散点图

二、气泡图

如果要同时展现 3 个变量之间的关系，一般用气泡图，一个变量为横坐标、一个变量为纵坐标，一个变量决定气泡大小，如图 5-2-22 所示。

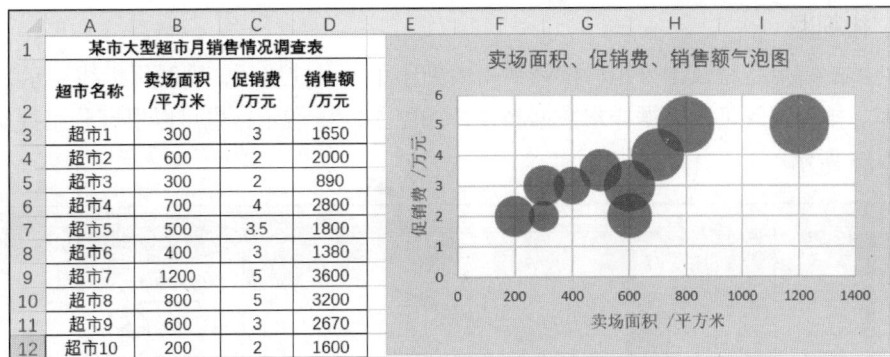

图 5-2-22　气泡图

5.2.5　直方图、排列图、箱形图

一、直方图

直方图适用于展现数据的分布特征。从直方图可以直观地看出数据的分布是钟形分布，还是 U 形分布，抑或是 J 形分布。要注意的是，在 Excel 中，插入直方图的操作必须基于未分组的样本数据进行，如图 5-2-23 所示，其中箱宽度就是组距。

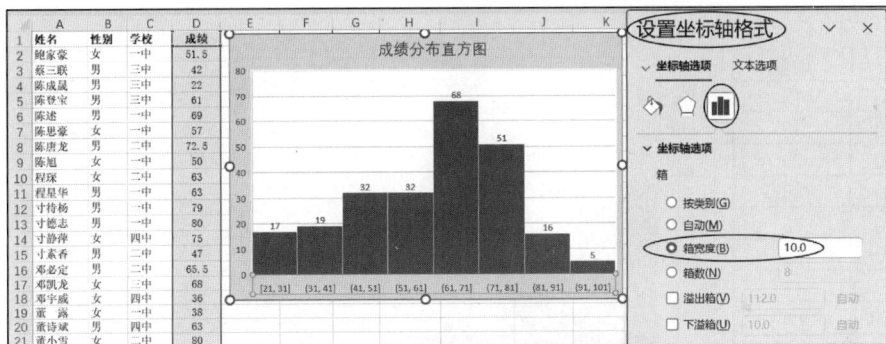

图 5-2-23　直方图

从图 5-2-23 可以看出，直方图第一组的下限是样本数据的最小值，无法设置为整数 20。如果希望区间的上下限是 10 的整数倍，建议先对数据进行分组，再插入柱形图，最后将数据系列的"间隙宽度"设置为"0%"即可，如图 5-2-24 所示。

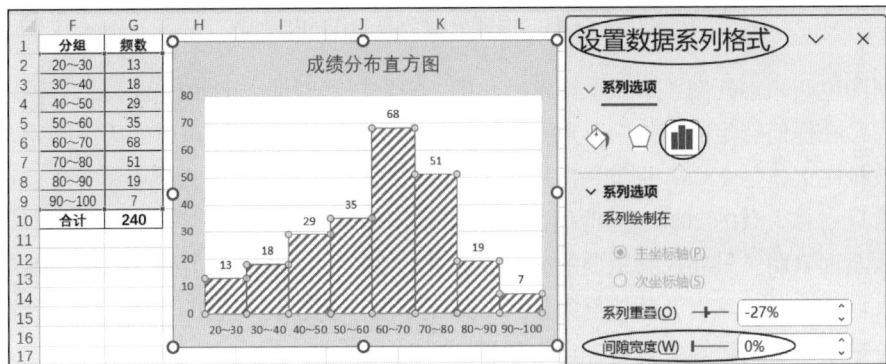

图 5-2-24　柱形图改直方图

二、排列图

排列图的特点是将数据分组后按频数由大到小用矩形柱展示，同时用折线展示数据的累计百分率。排列图既可以根据样本数据制作，如图 5-2-25 所示；也可以根据分组数据制作，如图 5-2-26 所示。

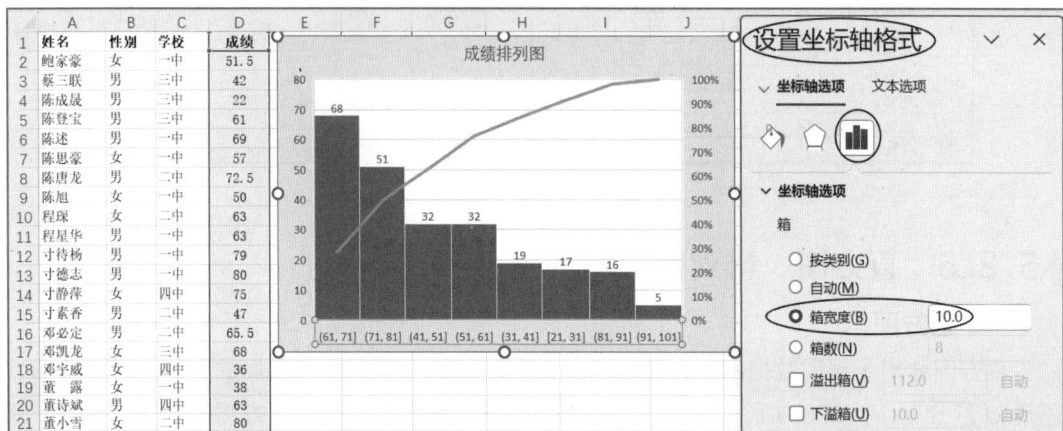

图 5-2-25　根据样本数据制作的排列图

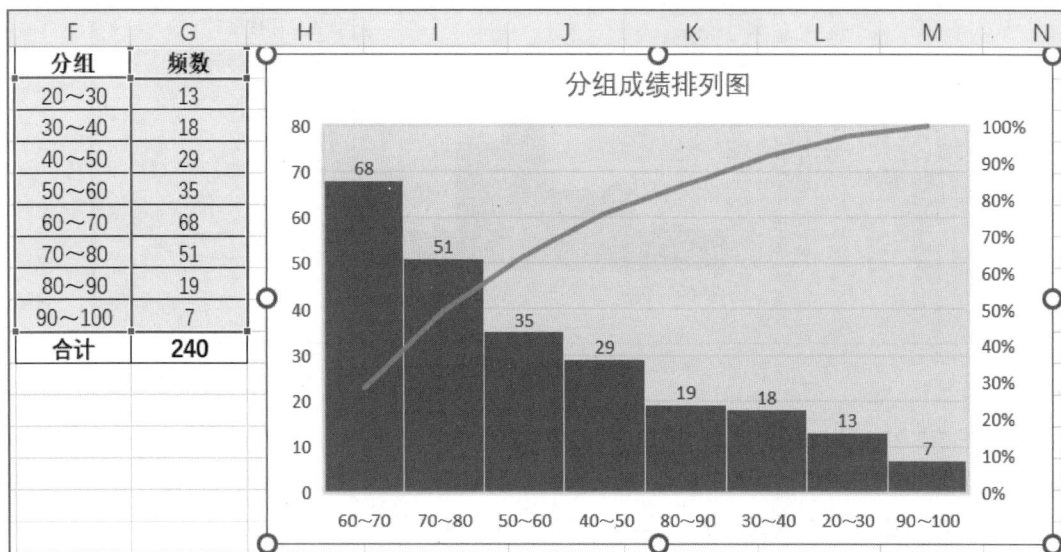

图 5-2-26　根据分组数据制作的排列图

排列图也叫帕累托图，来源于帕累托法则。帕累托法则即人们常说的"二八原理"。二八原理认为：在任何特定的群体中，重要的因子通常只占少数，而不重要的因子则常占多数，二者的数量比大体是 2∶8。例如，世界上 80% 的财富掌握在 20% 的人手中，一个公司的精英人士通常只占总人数的 20%，但他们往往创造了公司 80% 的效益。

二八原理表明：只要控制重要的少数，就能控制全局。所以，当一家公司发现自己 80% 的利润来自 20% 的顾客时，就该努力让那 20% 的顾客乐意加深与它的合作。这样做比把注意力平均分散给所有的顾客更容易，也更值得。

帕累托图在项目管理中主要用来找出产生大多数问题的关键原因，帕累托图能直观体现和区分"微不足道的大多数"和"至关重要的极少数"，从而方便人们关注到重要的类别。

三、箱形图

箱形图是一种用于展现数据离散度的统计图，它通过绘制数据的最大值、最小值、中位数、平均数、四分位数来展示数据的离散度，如图 5-2-27 所示。

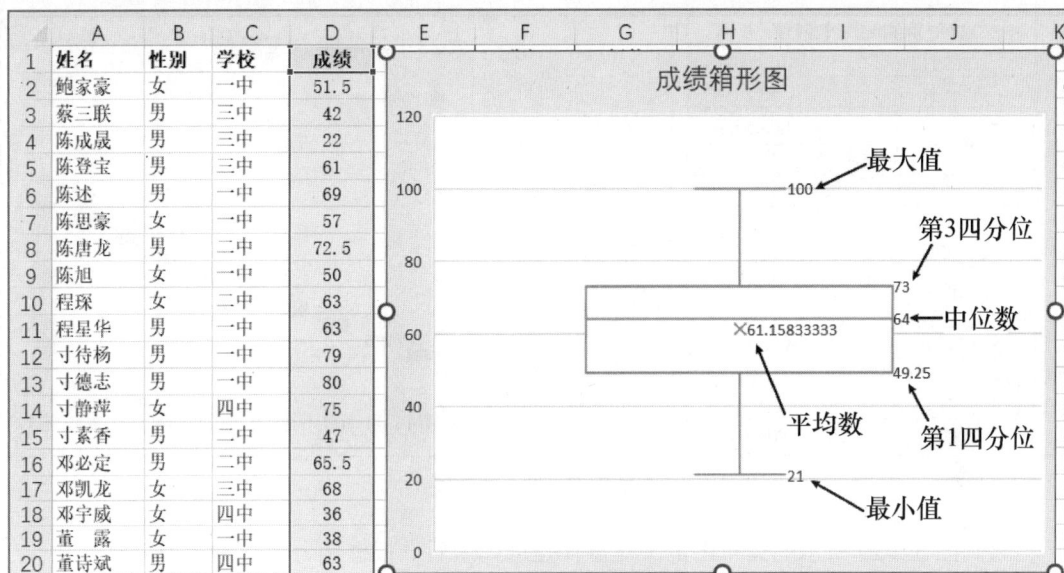

	A	B	C	D	E
1	姓名	性别	学校	成绩	
2	鲍家豪	女	一中	51.5	
3	蔡三联	男	三中	42	
4	陈成晟	男	三中	22	
5	陈登宝	男	三中	61	
6	陈述	男	一中	69	
7	陈思豪	女	一中	57	
8	陈唐龙	男	二中	72.5	
9	陈旭	女	一中	50	
10	程琛	女	二中	63	
11	程星华	男	一中	63	
12	寸待杨	男	一中	79	
13	寸德志	男	一中	80	
14	寸静萍	女	四中	75	
15	寸素香	男	二中	47	
16	邓必定	男	二中	65.5	
17	邓凯龙	男	三中	68	
18	邓宇威	女	四中	36	
19	董露	女	一中	38	
20	董诗斌	男	四中	63	

图 5-2-27　单系列箱形图

箱形图不仅能展示数据的离散度，还经常用于多组数据的集中趋势分析和离散度比较，如图 5-2-28 所示。

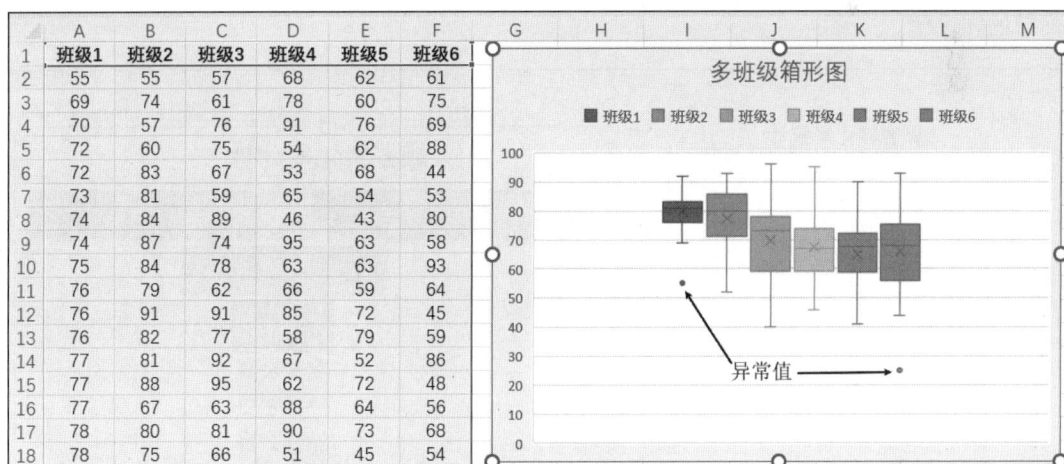

	A	B	C	D	E	F
1	班级1	班级2	班级3	班级4	班级5	班级6
2	55	55	57	68	62	61
3	69	74	61	78	60	75
4	70	57	76	91	76	69
5	72	60	75	54	62	88
6	72	83	67	53	68	44
7	73	81	59	65	54	53
8	74	84	89	46	43	80
9	74	87	74	95	63	58
10	75	84	78	63	63	93
11	76	79	62	66	59	64
12	76	91	91	85	72	45
13	76	82	77	58	79	59
14	77	81	92	67	52	86
15	77	88	95	62	72	48
16	77	67	63	88	64	56
17	78	80	81	90	73	68
18	78	75	66	51	45	54

图 5-2-28　多系列箱形图

箱形图中，异常值是基于四分位差来确定的，那些小于 Q1-1.5 倍四分位差，或大于 Q3+1.5 倍四分位差的数据被定义为异常值。

5.2.6　瀑布图、漏斗图、股价图、雷达图

一、瀑布图

当用户想表达数据的变化过程（可升可降）时，即可使用瀑布图。瀑布图可以清晰地展现某项数据经过一系列增减变化，最终成为另一项数据的动态过程，如图5-2-29所示。

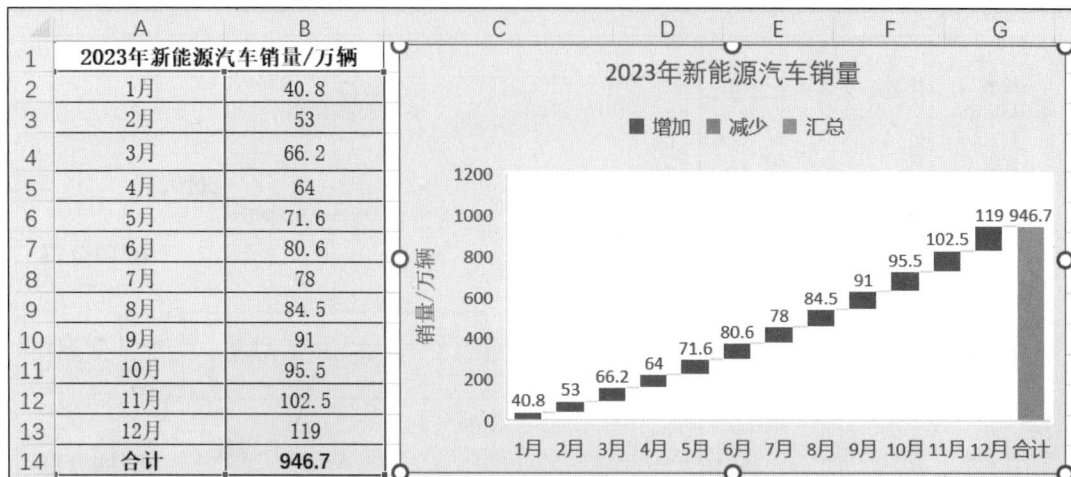

图5-2-29　瀑布图

绘制图5-2-29所示的瀑布图的关键操作是选择最后一根柱子，将其设置为汇总。

二、漏斗图

漏斗图适合展示数据逐渐变小的一个变化过程，因为数据逐渐变小，故呈现出漏斗的形状。电商数据分析中常用漏斗图展示客户的转化率，图5-2-30所示的漏斗图就直观展示了顾客在"浏览/收藏""加购物车""提交订单""成功支付""完成订单""售后评价""五星好评"环节的转化率。

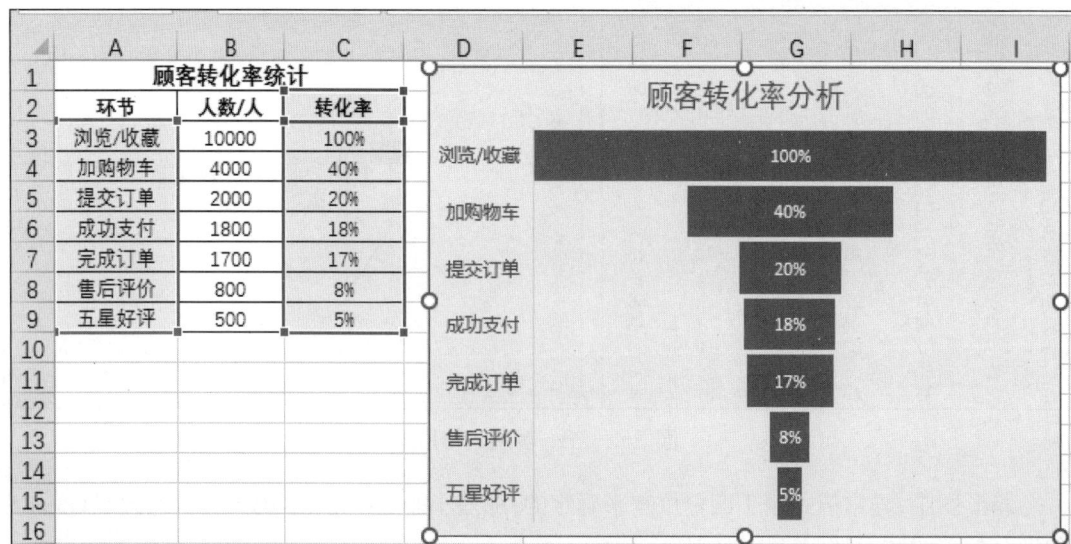

图5-2-30　漏斗图

三、股价图

股价图，顾名思义，用来显示股价的波动，如图 5-2-31 所示。

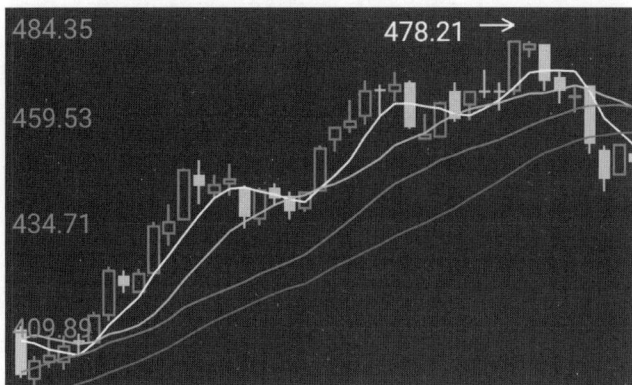

图 5-2-31　股价图

股价图解读如下。

（1）股价图由一条线段和一个矩形柱组成。线段最高点表示最高价，最低点表示最低价。

（2）矩形柱分涨柱（空心柱）和跌柱（实心柱）两种，涨柱的底部为开盘价、顶部为收盘价，跌柱的顶部为开盘价、底部为收盘价。

（3）当"开盘价=收盘价=最高价=最低价"时，股价图呈一条水平的横线；当开盘价=收盘价，但最高价≠最低价时，股价图呈现十字。

股价图不仅可以展示股票价格的变化，也可用于展现其他波动性数据。例如使用股价图显示温度的波动，如图 5-2-32 所示。

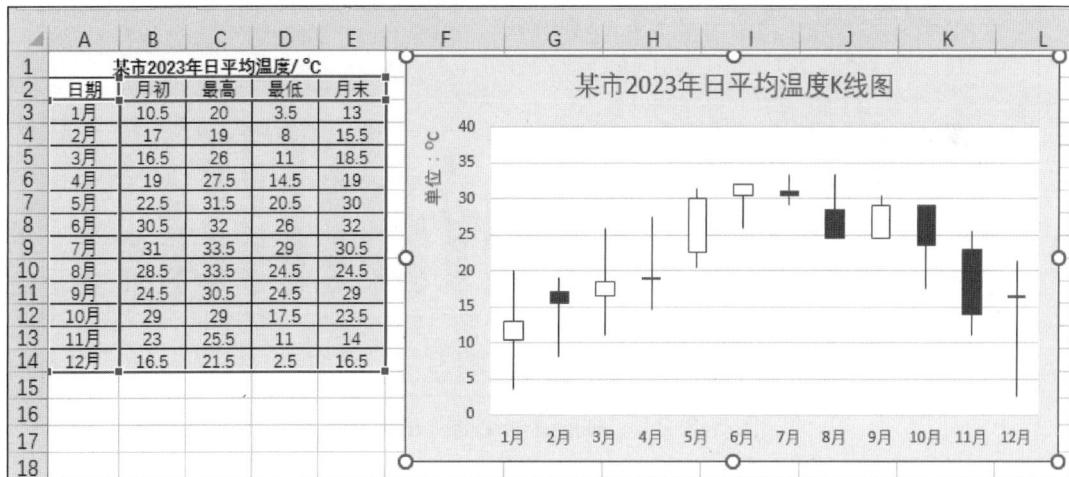

	A	B	C	D	E
1	某市2023年日平均温度/ ℃				
2	日期	月初	最高	最低	月末
3	1月	10.5	20	3.5	13
4	2月	17	19	8	15.5
5	3月	16.5	26	11	18.5
6	4月	19	27.5	14.5	19
7	5月	22.5	31.5	20.5	30
8	6月	30.5	32	26	32
9	7月	31	33.5	29	30.5
10	8月	28.5	33.5	24.5	24.5
11	9月	24.5	30.5	24.5	29
12	10月	29	29	17.5	23.5
13	11月	23	25.5	11	14
14	12月	16.5	21.5	2.5	16.5

图 5-2-32　利用股价图制作温度变化图

四、雷达图

雷达图用于多个指标在不同时间或状态下的前后对比，或不同项目在多个指标上的对比，如图 5-2-33 所示。雷达图常用于综合评价分析。

绘制图 5-2-33 所示的雷达图的关键操作是将坐标轴刻度"最小值"设置为 1。

	A	B	C	D	E	F
2	店铺	产品质量	描述准确	在线服务	运输物流	售后服务
3	店铺甲	4.7	4	4.5	4.8	4.25
4	店铺乙	4.5	3.5	3.8	4.5	4
5	店铺丙	4	4.5	4	3.6	3.5

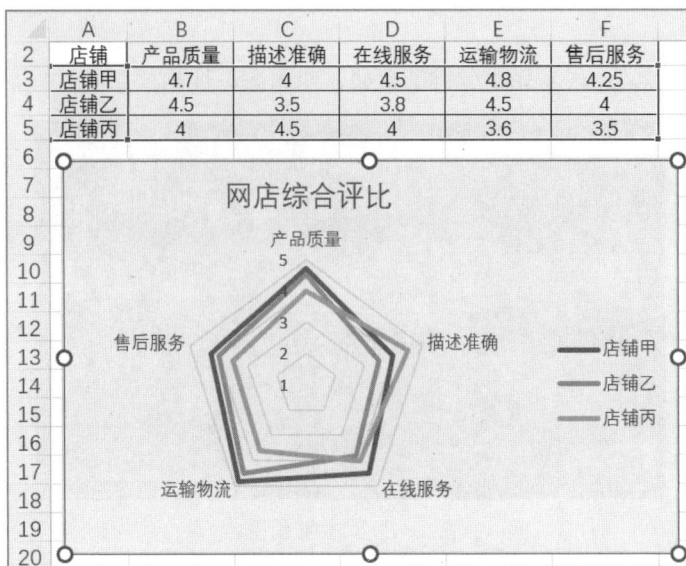

图 5-2-33　雷达图

5.2.7　组合图、双坐标图、透视图、动态图

一、组合图

组合图就是含有多种图表类型的统计图，如图 5-2-34 所示。该图中平均最低温度、平均最高温度都是原始数据，从性质上看是并列关系，因此采用簇状柱形图来展示；而平均温度是基于平均最低温度和平均最高温度计算出来的，性质有所不同，因此采用折线图来展示。

	A	B	C	D
1	某市2023年日平均温度/ ℃			
2	日期	平均最低	平均最高	平均
3	1月	3.5	20	10.2
4	2月	8	19	12.3
5	3月	11	26	17.3
6	4月	14.5	27.5	21.2
7	5月	20.5	31.5	25.6
8	6月	26	32	29.1
9	7月	29	33.5	31.5
10	8月	24.5	33.5	29.6
11	9月	24.5	30.5	28.2
12	10月	17.5	29	22.6
13	11月	11	25.5	17.6
14	12月	2.5	21.5	11.5

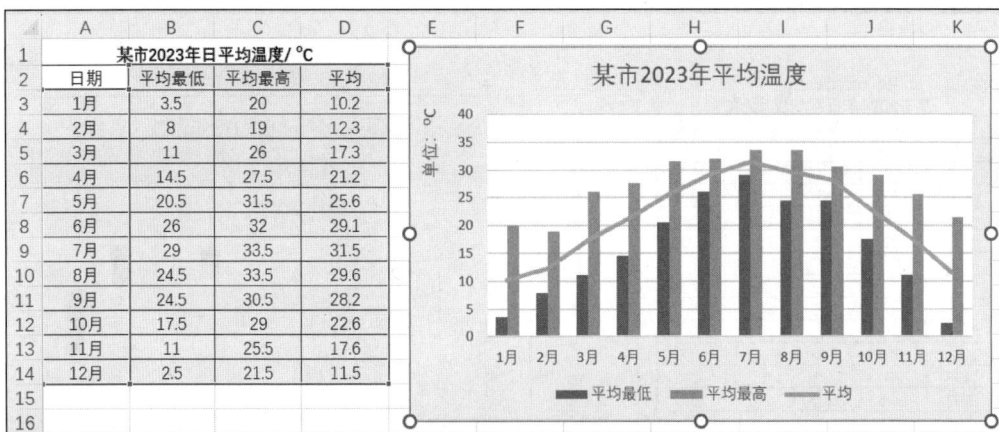

图 5-2-34　"柱形图+折线图"的组合图

从图 5-2-9 可以看出，面积图的数据标签看起来并不是很直观。当然我们可以将这些标签逐一拖到合适的位置，但未免过于烦琐。事实上，我们可以给该面积图添加一条带数据标签的折线，这样看起来就舒服多了，如图 5-2-35 所示。这个图用一列数据绘制了两种图形，也属于组合图。

图 5-2-35 所示的统计图看似是一个简单的面积图，实则是一个"折线图+面积图"的组合图，相比图 5-2-9 更具可读性和观赏性。

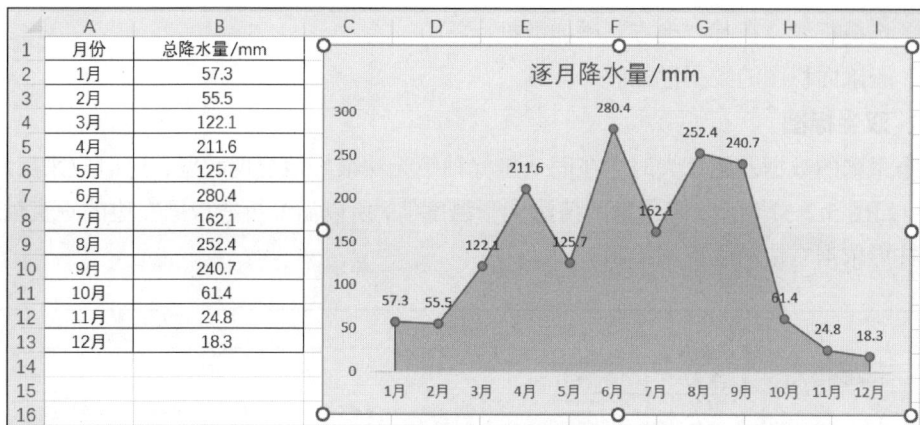

图 5-2-35 "折线图+面积图"的组合图

将图 5-2-9 所示的面积图改成图 5-2-35 所示的组合图的操作步骤如下。

（1）选择面积图，单击"图表设计"｜"选择数据"按钮。

（2）在"选择数据源"对话框中单击"添加"按钮。

（3）设置新系列名称为"折线"，系列值为 B2:B13 单元格区域，水平轴标签为 A2:A13 单元格区域。

（4）选择统计图，单击"更改图表类型"按钮。

（5）在"更改图表类型"对话框中选择"组合图"选项，并将"总降水量/mm"设置为"面积图"，"折线"设置为"带数据标记的折线图"，如图 5-2-36 所示。

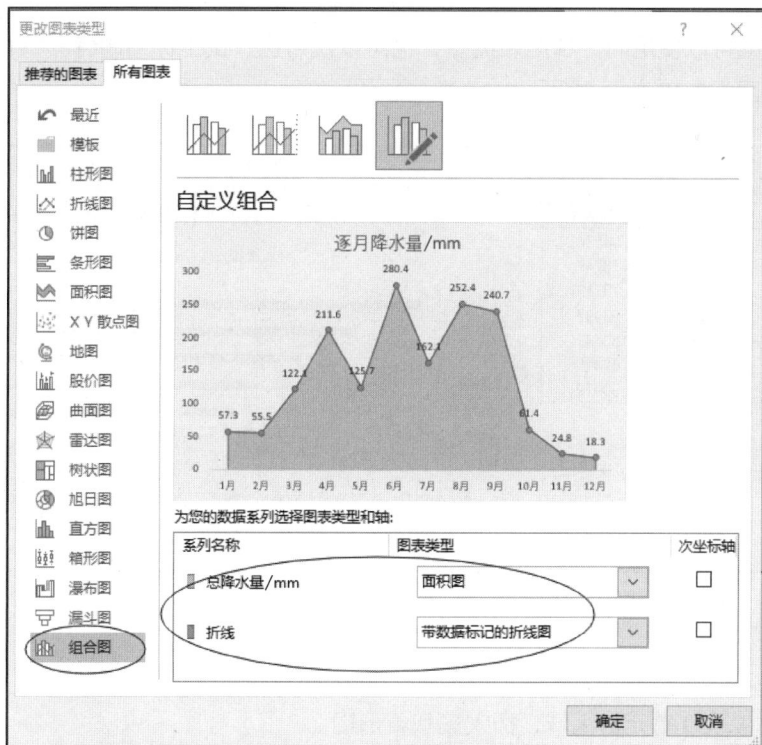

图 5-2-36 编辑组合图

（6）选择折线，在其"上方"添加数据标签。

（7）删除面积图的数据标签。

二、双坐标图

两个系列的数据差距较大时，在同一坐标轴下无法很好地展现数据，这时应采用双坐标组合图。如图 5-2-37 所示，降水量的值远大于温度值，所以温度折线依据左边的垂直轴绘制，降水量柱形依据右边的垂直轴绘制。

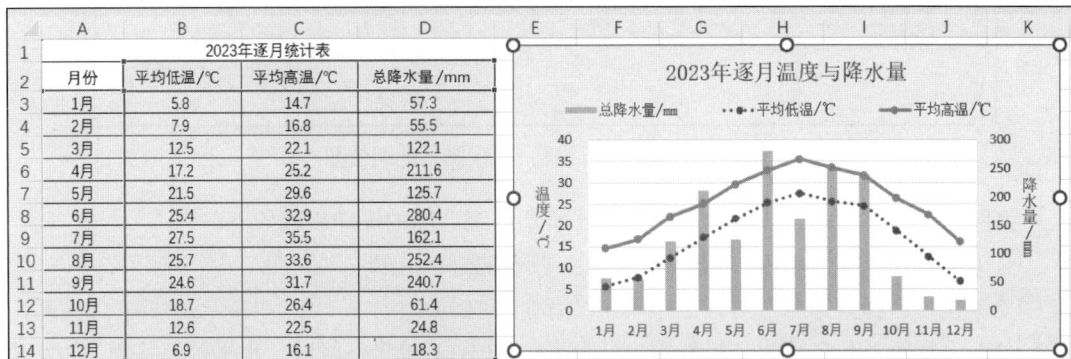

图 5-2-37　双坐标组合图

绘制图 5-2-37 所示的组合图的关键操作是，选择 A2:D14 单元格区域，插入自定义组合图，平均低温和平均高温均设置为带数据标记的折线图，总降水量设置为簇状柱形图，绘制在次坐标轴上。

两个系列既可以使用同一种图表类型，也可以使用主、次坐标绘制各具特色的图表，双坐标条形图如图 5-2-38 所示。

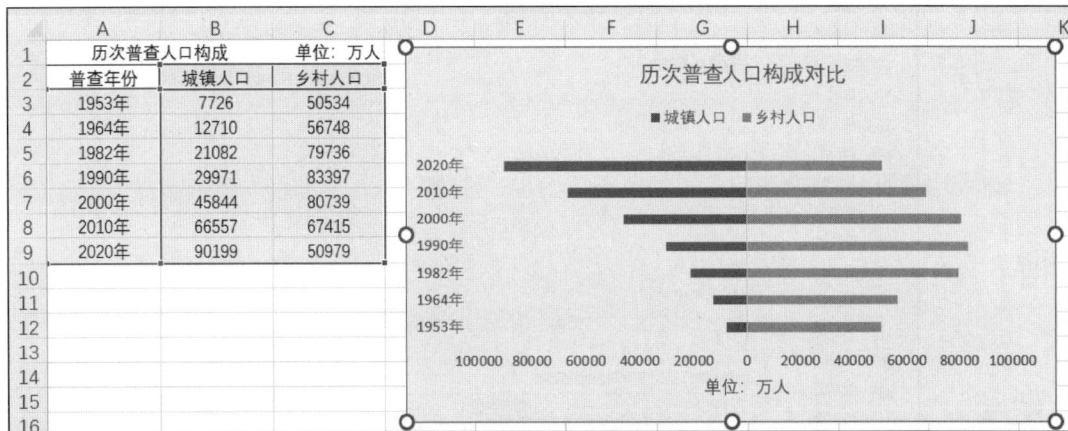

图 5-2-38　双坐标条形图

绘制图 5-2-38 所示的双坐标条形图的操作步骤如下。

（1）选择 A2:C9 单元格区域，插入簇状条形图。

（2）选择"乡村人口"系列，设置系列绘制在次坐标轴。

（3）选择底部的水平轴，设置坐标最小值为最大值的相反数"-100000"，最大值为"100000"，并勾选"逆序刻度值"复选项。

（4）选择顶部的水平轴，也将坐标最小值设置为"-100000"，最大值设置为"100000"，但是不要勾选"逆序刻度值"复选项。

（5）人口没有负数，所以选择底部的主水平轴，设置坐标轴数字的格式代码为"#,##0;#,##0"，单击"添加"按钮显示正数。

（6）删除顶部水平轴的刻度。

（7）垂直轴标签在中间显得很乱，所以选择垂直轴，设置坐标轴标签位置为"高"。

三、透视图

基于数据透视表插入的图表就是透视图，如图 5-2-39 所示。透视图的特点是可以根据数据透视表上的筛选自动变化。

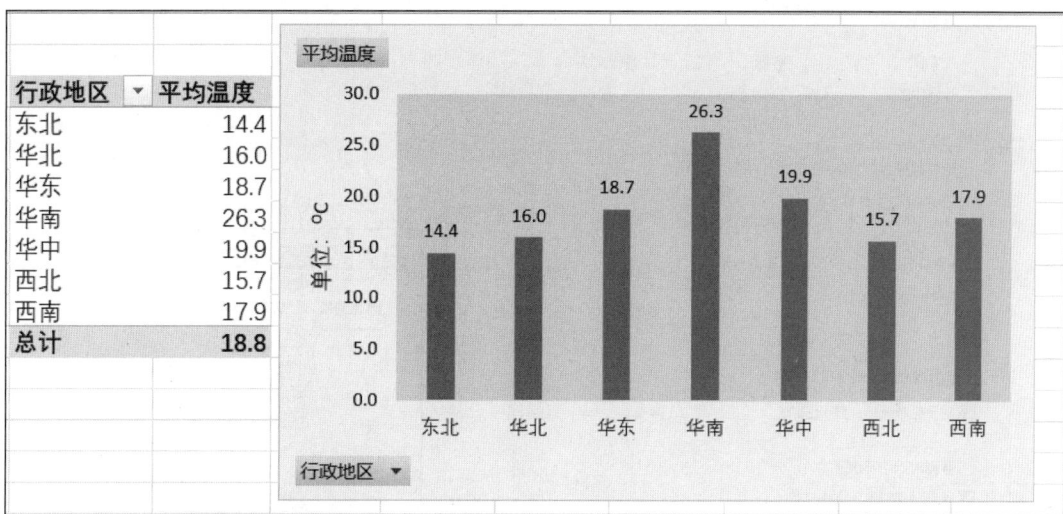

图 5-2-39　透视图

四、动态图

数据透视表和透视图上的筛选按钮用起来不是很方便，下面介绍使用切片器代替筛选按钮制作动态图（见图 5-2-40）。

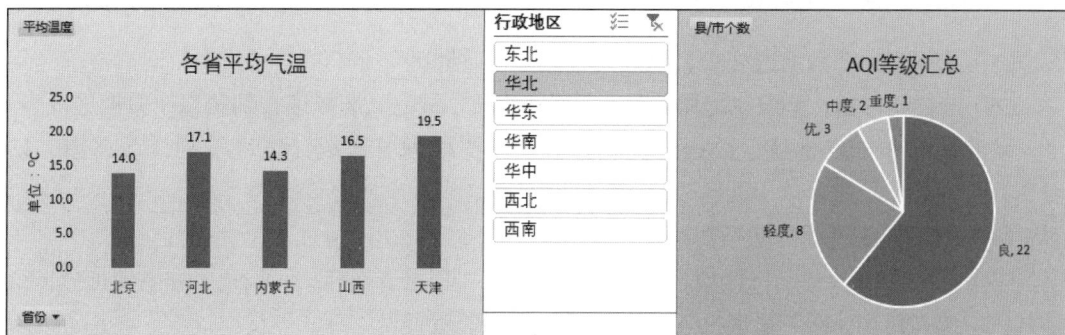

图 5-2-40　动态图

动态图的特点是，单击中间的切片器的选项，左、右图均能动态变化。由此可见，切片器是另一种形式的筛选器，和普通筛选异曲同工，但比普通筛选更方便、直观。

绘制图 5-2-40 所示的动态图的操作步骤如下。

（1）插入一个按省份统计平均温度的数据透视表，修改数据透视表的标题。右击该数据透视表，在弹出的快捷菜单中选择"数据透视表选项"命令，在"数据透视表选项"对话框中取消勾选"更新时自动调整列宽"复选项，如图 5-2-41 所示。

（2）插入一个按 AQI 等级统计各等级县/市个数的数据透视表，修改数据透视表的标题，并取消勾选"更新时自动调整列宽"复选项。

（3）选择第一个数据透视表，插入柱形图；选择第二个数据透视表，插入饼图。

（4）选择图表区，两个图均设置为"不随单元格改变位置和大小"，如图 5-2-42 所示。

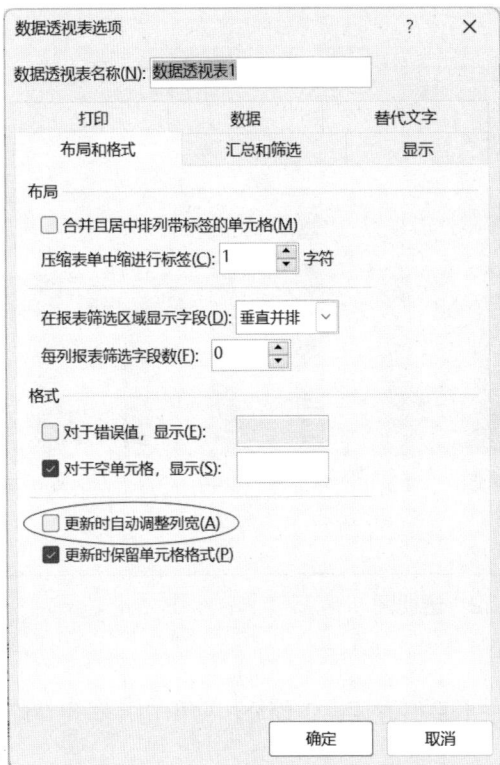

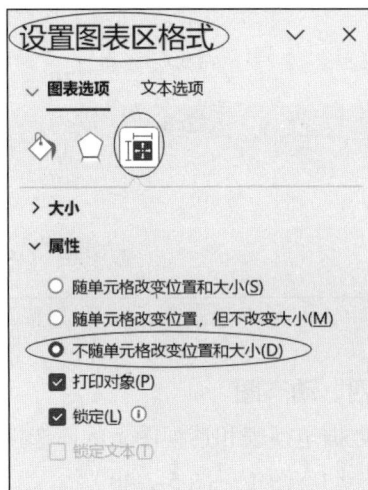

图 5-2-41　设置数据透视表大小固定　　图 5-2-42　设置图表大小固定

（5）选择第一个数据透视表，插入切片器"行政地区"。

（6）选择切片器，单击"切片器"｜"报表连接"按钮，选择连接到第二个数据透视表。

动态图并非一定要基于数据透视表才能制作，根据普通统计表也能制作动态图，如图 5-2-43 所示。

绘制图 5-2-43 所示的动态图的操作步骤如下。

（1）选中 A2:G6 单元格区域，单击"开始"｜"套用表格样式"按钮，并随便选择一个样式，勾选"包含标题"复选框。此时表格变成一个超级表。

（2）选择 A2:G6 单元格区域，插入簇状柱形图。

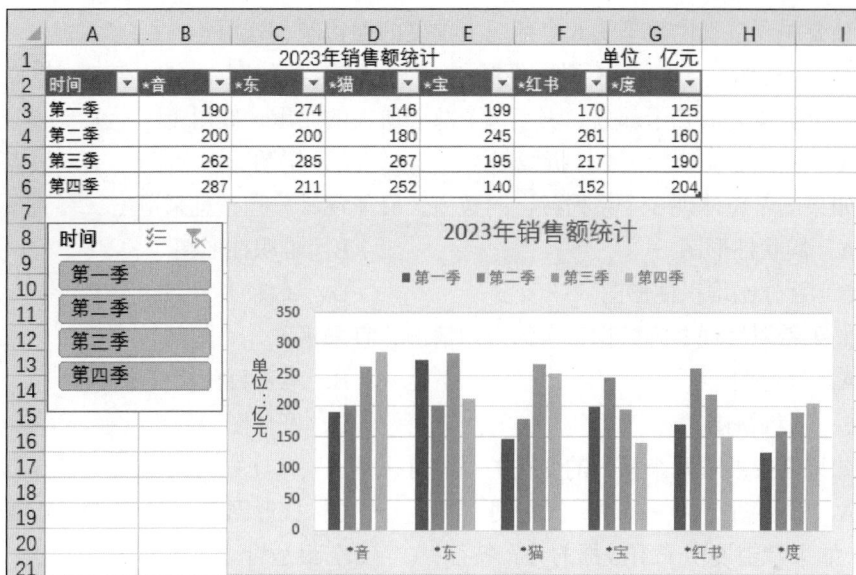

图 5-2-43　动态图

（3）选择柱形图，单击"图表设计"｜"切换行/列"按钮。

（4）选择图表区，设置统计图"不随单元格改变位置和大小"。

（5）单击超级表的任意单元格，插入切片器，选择"时间"。

（6）拖动切片器和统计图，将其覆盖在原数据区域上。

（7）单击切片器的某一季度，图表就呈现该季度的数据。拖动鼠标可查看多个连续季度，利用切片器的多选按钮可查看不连续的季度，切片器右上角的按钮为"清除筛选"按钮。

5.3　练习

1. 选择题

（1）统计表的构成一般不包括（　　）。

  A. 总标题、横行标题和纵栏标题　　　　B. 制表日期

  C. 附注（备注）　　　　D. 统计分析结论

（2）图表的作用不包括（　　）。

  A. 表达形象化　　B. 突出重点　　C. 体现专业化　　D. 节省存储空间

（3）常见的统计图有多种，分别适用于不同的场景，其中（　　）能展示数据的变化情况和趋势。

  A. 饼图　　　　B. 条形图　　　　C. 折线图　　　　D. 雷达图

（4）数据图表的评价标准不包括（　　）。

  A. 严谨。不允许有细微的错误，经得住推敲

  B. 简约。图简单，重点说明主要观点

  C. 美观。令人赏心悦目，印象深刻

  D. 易改。便于让用户修改、扩充、利用

（5）某公司要直观比较下属 6 个部门上季度的销售额，宜用（　　　　）。

    A．雷达图　　　　　B．柱形图　　　　　C．折线图　　　　　D．散点图

（6）一个整体分成若干部分，表示每个部分所占的比重一般用（　　　　）。

    A．柱形图　　　　　B．折线图　　　　　C．饼图　　　　　D．散点图

（7）如果既希望体现 3 个系列各自的数值，又体现其总和，宜采用（　　　　）。

    A．簇状柱形图　　　　　　　　　　B．堆积柱形图

    C．百分比堆积柱形图　　　　　　　D．饼图

（8）如果希望展现 3 列数据各自的占比情况，宜采用（　　　　）。

    A．气泡图　　　　　　　　　　　　B．堆积百分比柱形图

    C．三维饼图　　　　　　　　　　　D．圆环图

（9）如果希望展现两个系列的变化关系，宜采用（　　　　）。

    A．散点图　　　　　B．气泡图　　　　　C．柱形图　　　　　D．折线图

（10）如果希望展现一组数据的分布特征，（　　　　）最适合。

    A．直方图　　　　　B．排列图　　　　　C．条形图　　　　　D．箱形图

（11）能直观展现一组数据离散度的统计图是（　　　　）。

    A．直方图　　　　　B．排列图　　　　　C．瀑布图　　　　　D．箱形图

（12）以下关于圆环图与旭日图的描述，错误的是（　　　　）。

    A．圆环图的内、外环可以是并列关系

    B．圆环图的内、外环可以是包含关系

    C．旭日图的内、外环可以是并列关系

    D．旭日图的内、外环必须是包含关系

（13）比较甲、乙、丙 3 种计算机分别在品牌、CPU、内存、硬盘、价格、售后服务 6 个方面的评分情况，宜选用（　　　　）。

    A．雷达图　　　　　B．折线图　　　　　C．饼图　　　　　D．圆环图

（14）如果希望展现图 5-3-1 中新能源汽车的销量和环比发展速度，宜采用（　　　　）。

新能源汽车销量统计（2018—2023年）						
年份	2018	2019	2020	2021	2022	2023
销量/万辆	125.6	120.6	136.73	352.05	688.66	949.52
环比发展速度	—	96%	113%	257%	196%	138%

图 5-3-1　新能源汽车销量统计

    A．柱形图　　　　　B．折线图　　　　　C．组合图　　　　　D．双坐标组合图

（15）如果希望展现图 5-3-2 中短视频观看人数的变化情况，宜采用（　　　　）。

    A．直方图　　　　　B．排列图　　　　　C．漏斗图　　　　　D．瀑布图

	A	B
1	短视频观看统计	
2	点击人数	1000
3	观看超10秒	600
4	观看超30秒	400
5	观看超60秒	100
6	观看超90秒	60
7	观看超120秒	50

图 5-3-2　短视频观看统计

2. 操作题

（1）根据"统计图-课后练习.xlsx"文件中的"受教育程度统计"工作表，绘制图 5-3-3 所示的复合条饼图。

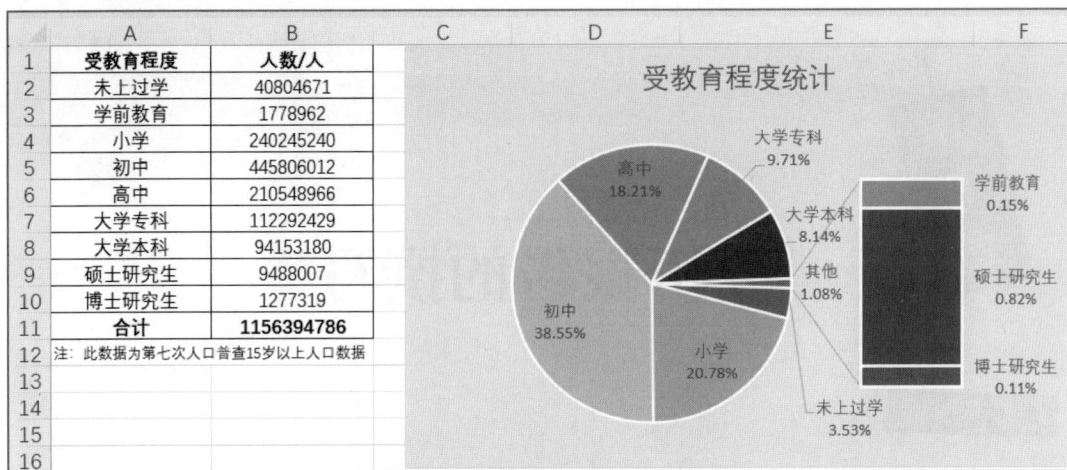

	A	B
1	受教育程度	人数/人
2	未上过学	40804671
3	学前教育	1778962
4	小学	240245240
5	初中	445806012
6	高中	210548966
7	大学专科	112292429
8	大学本科	94153180
9	硕士研究生	9488007
10	博士研究生	1277319
11	合计	1156394786
12	注：此数据为第七次人口普查15岁以上人口数据	

图 5-3-3　受教育程度复合条饼图

（2）根据"统计图-课后练习.xlsx"文件中的"增长速度分析"工作表，绘制图 5-3-4 所示的组合图。

	A	B	C	D	E	F	G	H	I	J	K	L	M
1	时间	1月	2月	3月	4月	5月	6月	7月	8月	9月	10月	11月	12月
2	环比增长速度	-9.8%	12.5%	-34.1%	-41.0%	-27.6%	-34.2%	-24.0%	-7.9%	117.1%	98.7%	65.6%	8.0%
3	同比增长速度	4.3%	6.7%	1.1%	0.0%	5.6%	-3.8%	-7.3%	-2.8%	7.0%	4.9%	0.8%	1.5%

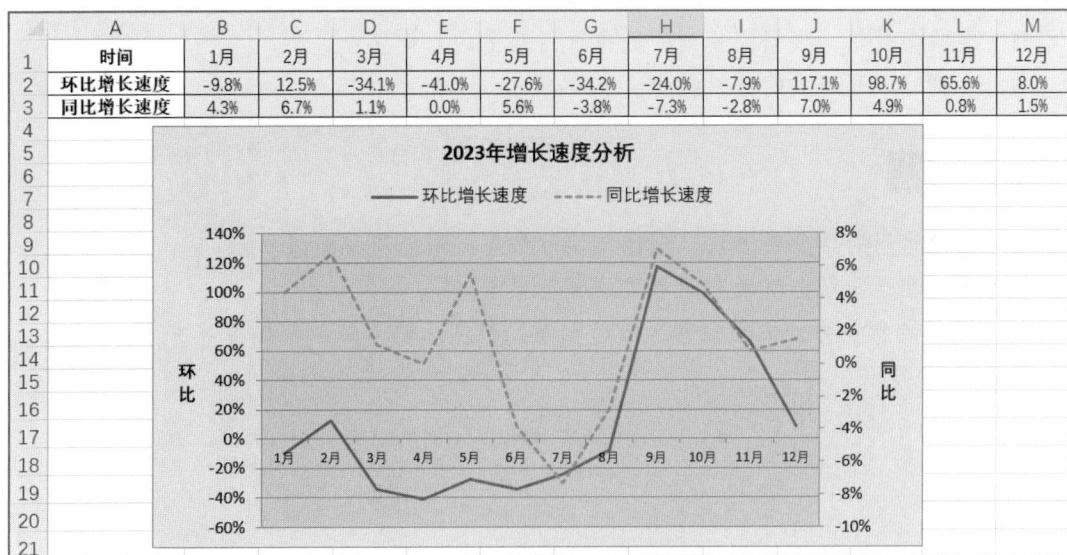

图 5-3-4　增长速度组合图

第6章

分析报告的撰写

知识目标

1. 了解分析报告的作用及写作原则。
2. 掌握分析报告的结构。

技能目标

1. 会收集数据、根据收集到的数据选择合适的分析方法。
2. 会撰写不同形式的分析报告。

素质目标

1. 灵活运用所学分析方法，理论与实际结合，培养实践能力。
2. 学会在不同场合使用不同形式的分析报告。
3. 培养创新能力，勇于探索，敢于创新，把创新理念融入课程学习中。

数据分析的最后一步就是撰写分析报告。数据分析报告是对整个数据分析过程的总结与呈现，通过报告把数据分析的起因、过程、结果及建议完整地呈现出来。数据分析报告也是一种沟通与交流的形式，主要在于将分析的结果、可行性建议以及其他有价值的信息传递给决策者，从而让决策者做出正确的理解、判断和决策。一般情况下，我们用 Word 或 PowerPoint 制作数据分析报告。

6.1 分析报告的作用与写作原则

6.1.1 分析报告的作用

数据分析报告主要有以下 3 个方面的作用。

（1）展示分析结果：分析报告以某种特定的形式将数据分析结果清晰地展示给决策者，使他们能够迅速理解所研究问题的基本情况、结论与建议等内容。

（2）检验分析质量：通过分析报告中对数据分析方法的描述、对数据结果的处理与分析等几个方面来检验数据分析的质量，并让决策者感受到整个数据分析过程是科学并且严谨的。

（3）为决策者提供参考依据：虽然做数据分析的人往往是没有决策权的工作人员，但分析报告的结论与建议将会被决策者重点阅读，为决策者做最终决策提供参考依据。

6.1.2 分析报告的写作原则

分析报告的输出是整个分析过程的成果，是评定一个产品、一个运营事件的定性结论，很可能是产品决策的参考依据，所以写好分析报告很重要。

无论数据收集的过程多么科学，数据分析的方法多么高深，数据处理的手段多么先进，如果不能将数据有效地组织展示出来，并与决策者进行沟通交流，就无法给决策者提供一个满意的答案。所以，一份好的分析报告应遵循以下几个原则。

（1）确保可读性。

- 读者导向：明确报告的目标受众（决策者），了解他们的背景、需求和关注点，使用适合的语言风格和术语。
- 结构清晰：采用标题、子标题、段落分明的格式，便于决策者快速抓住要点。
- 简洁明了：避免冗长和复杂的句子，用简洁的语言表达核心信息。

（2）增强逻辑性。

- 问题导向：从实际问题出发，明确分析的目的和背景。
- 因果分析：通过数据分析和逻辑推理，找出问题产生的根本原因。
- 解决方案：基于分析结果，提出具体的、可操作的解决方案或建议。

（3）提供建议或解决方案。

- 可行性分析：确保提出的建议或方案在实际操作中可行，考虑资源、时间、成本等因素。
- 优先级排序：如果有多项建议，根据重要性和紧迫性进行排序，让决策者易于关注到重点。

（4）精简结论。

- 突出重点：总结关键发现，避免罗列过多细节。
- 量化成果：尽可能用数据支持结论，使结论更具说服力。

（5）可视化展示。

- 选择合适的图表类型：根据数据特点和展示目的，选择柱形图、折线图、饼图等合适的图表类型。
- 标注清晰：图表中的标题、轴标签、图例等应清晰明了，便于决策者理解。
- 色彩与布局：合理使用色彩和布局，增强视觉效果，但避免过度装饰导致信息干扰。

（6）说明数据来源。

- 明确来源：指出数据的采集渠道、时间范围、样本量等关键信息。
- 验证可靠性：说明数据处理的方法和过程，确保数据的准确性和可靠性。

（7）致谢与分享。

- 感谢贡献者：对提供数据、协助分析或提出宝贵意见的同事、合作伙伴表示感谢。
- 分享成果：在适当场合分享报告成果，促进团队学习和知识共享。

综上所述，撰写一份优秀的分析报告需要综合考虑可读性、逻辑性、实用性、简洁性、视觉呈现、数据可靠性以及团队合作等多个方面，以确保报告能够为决策者提供有价值的信息和参考。

6.1.3　分析报告的结构

数据分析报告的结构主要包括开篇、正文、结尾三大部分，具体可以按以下流程来写。

1. 开篇部分

（1）标题页：包含报告的标题（有时也包括子标题以更具体地描述分析的内容）、报告提交日期、作者或团队名称、可能还包括接收报告的对象或部门；简短介绍研究背景、目的和重要性。

（2）研究问题与目标：明确本次数据分析旨在解决的具体问题或达到的目标，阐述分析的重要性和预期成果。

2. 正文部分

（1）数据收集与描述：介绍数据来源、收集方法和样本概况；对数据进行初步描述，包括数据类型、数量、范围等方面。

（2）数据分析方法：详细说明使用的分析方法，解释选择这些方法的原因及其适用性。

（3）数据分析结果：展示关键图表、统计数据和可视化结果；对分析结果进行详细解读，包括趋势、关联、异常点等方面。

（4）讨论：分析结果的意义和可能的解释，将结果与预期目标、理论或先前的研究进行比较，讨论结果的局限性、假设条件及可能影响结果的因素。

3. 结尾部分

（1）结论：总结主要发现，强调其对业务、政策或研究领域的意义；明确指出研究是否支持或反驳了初始假设。

（2）建议与行动计划：基于分析结果提出具体建议；制订实施这些建议的行动计划，包括步骤、时间表和责任人等内容。

遵循这样的结构，可以确保数据分析报告逻辑清晰、信息完整，便于决策者理解和采纳报告中的结论与建议。

6.1.4　Word 分析报告范文

员工离职原因分析报告

鉴于本公司最近离职员工较多，为加强公司与员工之间的沟通与深入交流，了解离职员工的真实想法与原因，从根本上解决问题、改变现状，力争留住现有员工，降低公司人员流失率，本周特抽取五金部部分待离职员工进行离职面谈。

面谈时间：2013 年 8 月 11 日 15:00。

面谈地点：人力资源部 5F 会议室。

面谈对象：五金部 8 月 12 日办理离职手续的员工。

面谈内容：待离职员工的真实离职原因。

本次共对 13 位五金部待离职员工进行离职面谈，通过整理统计问卷数据，得到相关数据及分析结果。

1. 离职员工年龄构成

通过调查可知，此次待离职的 13 名人员当中，"90 后"有 7 人，约占本次面谈人数的 53.85%；"80 后"有 4 人，约占 30.77%；而"70 后"有 2 人，约占 15.38%，其统计表和统计图如表 6-1-1 和图 6-1-1 所示。由此可见，"90 后"占五金部离职人员人数的比例较大。

表 6-1-1　离职人员年龄构成

离职人员年龄构成		
年龄阶段	人数	百分比
90 后	7	53.85%
80 后	4	30.77%
70 后	2	15.38%
总计	13	100.00%

离职人员年龄构成

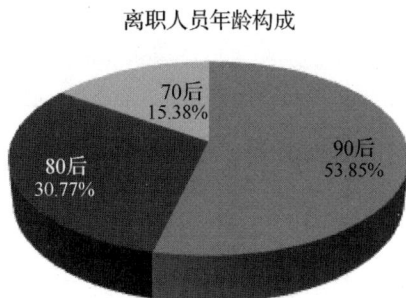

图 6-1-1　离职人员年龄构成

2. 离职员工工龄构成

在离职员工工龄方面，工龄为 0～1 个月的 8 人，约占本次面谈总人数的 61.54%；2～3 个月和 6～12 个月的各两人，各约占 15.38%；工龄为 6～7 年的只有一人，约占 7.70%，统计表和统计图如表 6-1-2 和图 6-1-2 所示。由此可见，待离职员工中大部分都是刚入职不久的新员工，因此，在新员工招聘上，应适当调整选聘五金部员工的条件，招聘更能适应此部门工作的员工。

表 6-1-2 离职人员工龄构成

离职人员年龄构成		
工龄	人数	百分比
0～1 个月	8	61.54%
2～3 个月	2	15.38%
6～12 个月	2	15.38%
6～7 年	1	7.70%
总计	13	100.00%

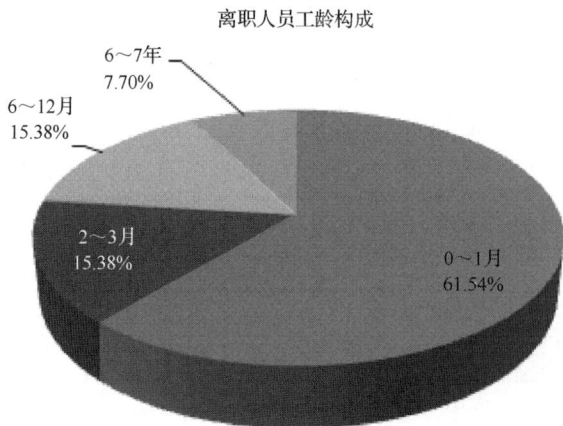

图 6-1-2 离职人员工龄构成

3. 员工离职的主要原因

员工离职主要原因构成表和构成图如表 6-1-3 和图 6-1-3 所示。

表 6-1-3 离职主要原因构成

离职主要原因构成					
内部原因	人数	百分比	外部原因	人数	百分比
伙食不好	4	30.77%	健康因素	1	7.69%
上班时间长	10	76.92%	求学深造	5	38.46%
工作量太大	4	30.77%	转换行业	1	7.69%
工作环境不好	4	30.77%			
无晋升机会	1	7.69%			
工作无成就感	1	7.69%			

离职主要原因构成

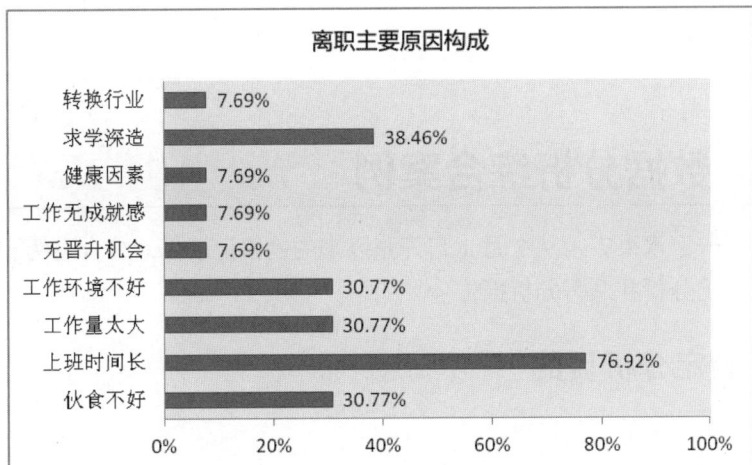

图 6-1-3　离职主要原因构成

从离职主要原因调查表和调查图可以看出：员工离职主要有两大原因，即外部原因与内部原因。内部原因包括公司伙食不好、上班时间长、工作量太大、工作环境不好、无晋升机会及工作无成就感6个方面；外部原因有健康因素、求学深造、转换行业等个人原因。在以上内部原因中，上班时间长、工作量太大和工作环境不好是导致这13位待离职员工离职的主要原因。据员工反映，过长的上班时间使他们身体疲惫，干活提不起劲，从而导致工作效率不高；在工作环境方面，主要反映车间太热、太脏，建议加装数台电风扇；此外，待离职员工还反映，上级应多关注员工身体状况。

综合以上各方面数据及图表，现针对员工离职原因进行分类，主要有以下几个方面。

（1）不适应当前工作环境。主要是新入职的"80后""90后"员工，不适应五金部工作环境及过长的工作时间，普遍反映车间过脏、过热，工作量太大，比入厂时想象的辛苦很多。

（2）家庭原因以及个人身体状况导致辞职。这类员工主要是老员工，因结婚、怀孕、身体不适，以及有急事需辞工返乡。他们还表示，如果不是以上这些原因，他们还会继续留厂。

（3）个人发展定位与公司的晋升空间不对称。新入职的"80后""90后"均是中专及高中以上学历的员工，他们想换一份有晋升空间的工作，或者继续求学深造。

针对以上几个方面情况，建议如下。

（1）留住老员工，及时了解新入职"80后""90后"的想法及心理动态，多与新员工沟通，不仅要在工作上给予其帮助，而且要在生活上多给予关心，缩短新入职员工对公司的不适应期，加强其对公司的归属感。对于新员工提出的建议，合理的部分尽量给予改善，不合理的部分要对其讲清楚原因，让员工感觉到部门/公司对他们的尊重和关注。

（2）晋升方面。从7月份开始，各部门都要制订部门的晋升管理制度，为员工的晋升提供明确清晰的晋升标准、透明客观的晋升流程、不同发展方向的晋升路线。员工可以根据自身条件，制订符合自己的职业规划，有侧重点地提升、完善自己。希望部门能在开会时及时向员工宣传此制度，让员工对部门/公司，特别是对自己的发展充满希望，也让员工有针对性地对自己的职业发展进行规划。

人力资源部

6.2 数据分析综合案例

张三新开了一家水果店，从 7 月 1 日开张以来的销售记录见"综合案例.xlsx"文件，请对数据进行适当的分析并撰写分析报告。

6.2.1 确定分析目的

（1）分析每类水果的销售情况。

（2）分析每天每个时间段的销售规律。

（3）分析每周的销售额，并对下一周的销售情况做预测。

（4）分析每天的销售额，并据此预测下一个双休日的销售情况。

6.2.2 进行数据分析

1. 分析每类水果的销售情况

思路：将数据按商品名称进行分组，统计每种水果的销售额之和。

方法：利用数据透视表进行分组。

操作过程如下。

（1）单击 A1:D691 单元格区域中的任意一个单元格，再单击"插入"|"数据透视表"按钮，参照图 6-2-1 制作数据透视表。

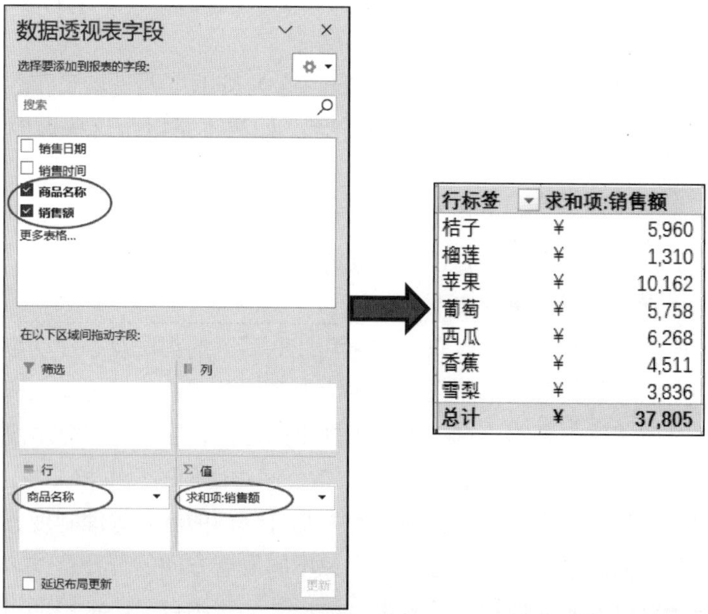

图 6-2-1　制作按商品名称分组的数据透视表

（2）将数据透视表制作成通俗易懂的统计表，如表 6-2-1 所示。

表 6-2-1　水果销售额统计表

水果名称	销售额/元
橘子	5960
榴梿	1310
苹果	10162
葡萄	5758
西瓜	6268
香蕉	4511
雪梨	3836
总计	37805

（3）根据数据透视表插入透视图，如图 6-2-2 所示。

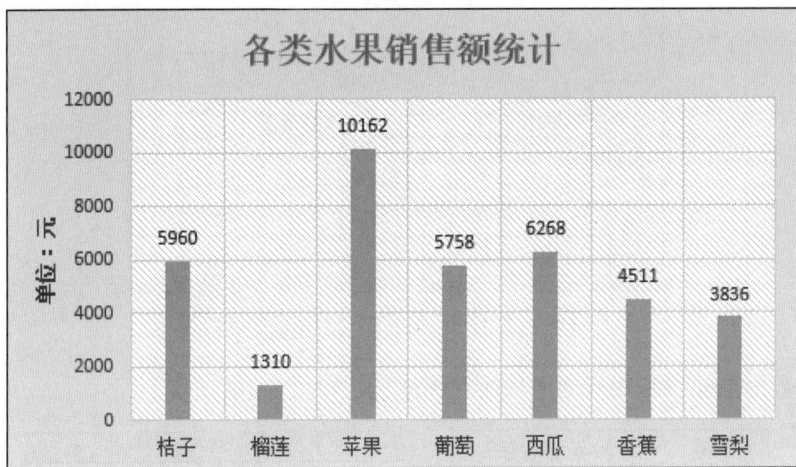

图 6-2-2　水果销售额统计

（4）得出结论：苹果的销售额最大，榴梿的销售额最低，其他水果的销售情况相当。两点建议：①苹果的库存要足够，质量要得到保障，以确保满足大众消费者的需求，确保店铺的基本利润；②做一些榴梿的促销活动，让消费者对榴梿有更好的认识。榴梿属于高价水果，如果能稍微扩大榴梿的消费人群，那么将更容易提升整个店铺的盈利空间。

2．分析每天每个时间段的销售规律

思路：将数据按销售的时间进行分组统计，每一个小时为一组，统计每小时的销售额之和。

方法：利用数据透视表进行分组。

操作过程如下。

（1）单击 A1:D691 单元格区域中的任意一个单元格，再单击"插入"|"数据透视表"按钮，参照图 6-2-3 制作数据透视表并创建组。

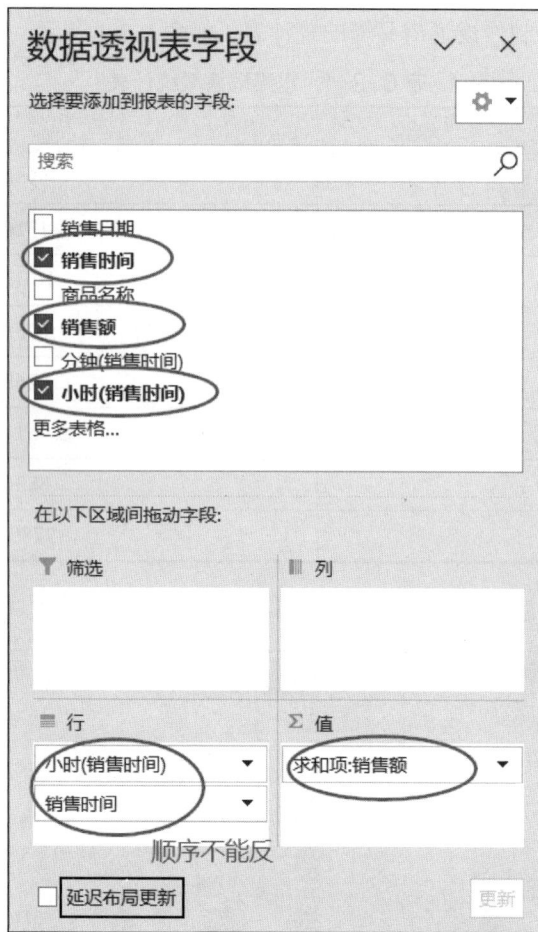

图 6-2-3 制作按"小时"分组的数据透视表

（2）将数据透视表制作成通俗易懂的统计表，如图 6-2-4 所示。

行标签 ▼	求和项:销售额
⊞9时	¥ 1,946
⊞10时	¥ 3,175
⊞11时	¥ 2,368
⊞12时	¥ 2,732
⊞13时	¥ 3,657
⊞14时	¥ 2,820
⊞15时	¥ 3,432
⊞16时	¥ 3,119
⊞17时	¥ 3,197
⊞18时	¥ 3,413
⊞19时	¥ 4,054
⊞20时	¥ 3,892
总计	¥ 37,805

各时间段销售额统计表	
销售时间	销售额/元
9—10时	1946
10—11时	3175
11—12时	2368
12—13时	2732
13—14时	3657
14—15时	2820
15—16时	3432
16—17时	3119
17—18时	3197
18—19时	3413
19—10时	4054
20—21时	3892
总计	37805

图 6-2-4 按"小时"分组的数据透视表与统计表

（3）绘制统计图，如图 6-2-5 所示。

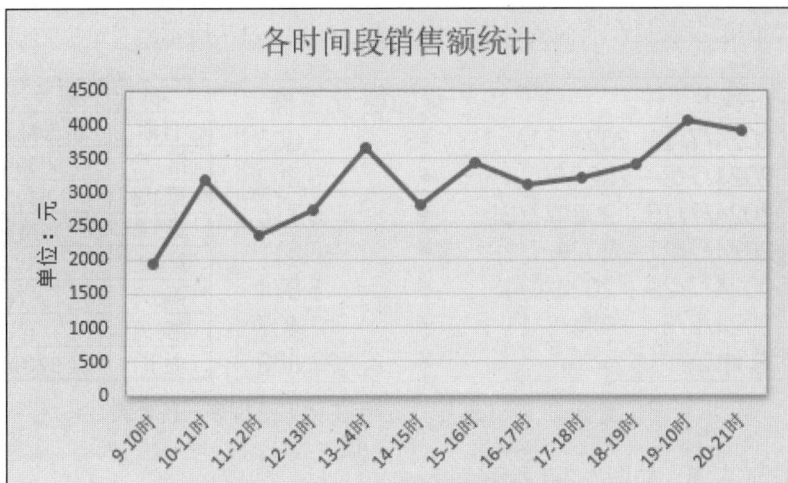

图 6-2-5　各时间段销售额统计图

（4）得出结论：除上午 10—11 时有一个局部的销售小高峰外，一天当中，生意基本的趋势是越来越好，尤其是晚上 19—21 时达到一天的销售高峰，建议延迟一个小时下班。

3. 分析每周的销售额，并对下一周的销售额做预测

思路：将销售额按周进行分组求和（即 7 天为一组进行分组）。

方法：利用数据透视表进行分组。

操作过程如下。

（1）单击 A1:D691 单元格区域中的任意一个单元格，再单击"插入"|"数据透视表"按钮，参照图 6-2-6 制作数据透视表并创建组。

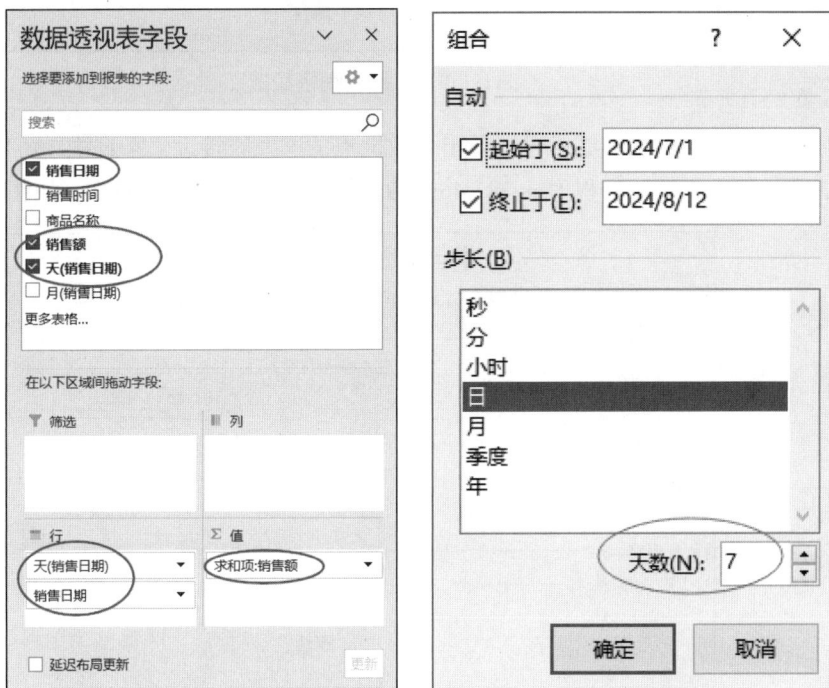

图 6-2-6　制作按"周"（7 天）分组的数据透视表

（2）将数据透视表制作成通俗易懂的统计表，如图 6-2-7 所示。

行标签	▼ 求和项:销售额
2024/7/1 - 2024/7/7	￥ 5,805
2024/7/8 - 2024/7/14	￥ 5,392
2024/7/15 - 2024/7/21	￥ 5,716
2024/7/22 - 2024/7/28	￥ 6,611
2024/7/29 - 2024/8/4	￥ 6,874
2024/8/5 - 2024/8/11	￥ 7,407
总计	￥ 37,805

每周销售额统计表	
日期	销售额/元
第1周	5805
第2周	5392
第3周	5716
第4周	6611
第5周	6874
第6周	7407
总计	37805

图 6-2-7　按"周"分组的数据透视表与统计表

（3）绘制散点图，如图 6-2-8 所示。

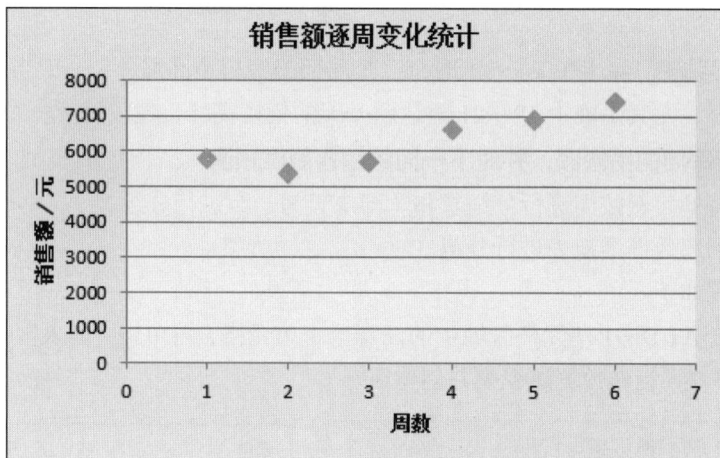

图 6-2-8　每周销售额散点图

（4）分析图表：从图 6-2-8 可以看出，数据点的连线较接近一条直线，可以用直线来模拟每周的销售情况，直线方程为 $y=381.46x+4965.7$，决定系数 $R^2=0.8316$，如图 6-2-9 所示。

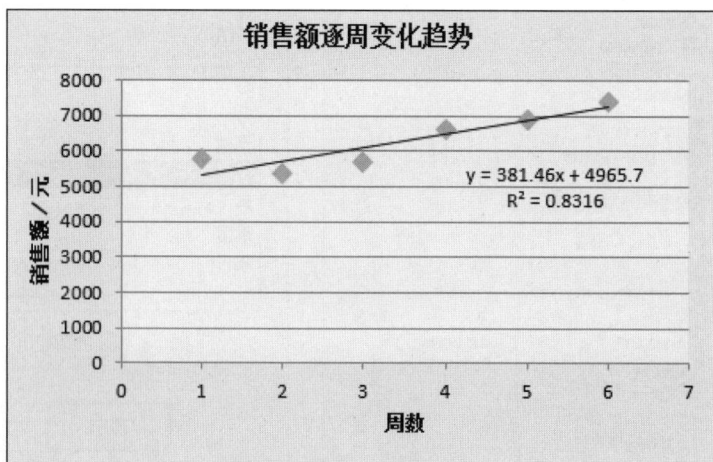

图 6-2-9　数学模型一

从图 6-2-8 可以看出，第 1 周的销售额偏大，这可能是开张促销的结果，所以不妨去掉第 1 周的数据进行分析预测。删除第 1 个数据后，模拟出来的直线方程为 $y=518.8x+4843.6$，$R^2=0.9727$，如图 6-2-10 所示。

（5）根据趋势线方程 $y=518.8x+4843.6$，预测下一周的销售额=518.8×6+4843.6=7956.4（元）。

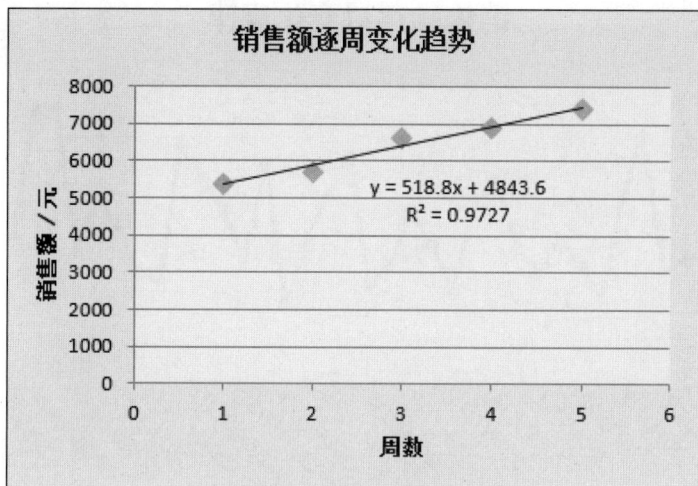

图 6-2-10　数学模型二

4. 分析每天的销售额，并预测下一个双休日的销售情况

思路：将销售额按天进行分组求和。

方法：利用数据透视表进行分组。

操作过程如下。

（1）单击 A1:D691 单元格区域中的任意一个单元格，再单击"插入"|"数据透视表"按钮，创建按销售日期进行分组、统计销售额之和的数据透视表，参照图 6-2-11 创建分组。

图 6-2-11　按"日"分组的数据透视表

（2）单击数据透视表的某一个单元格，单击"插入"|"折线图"按钮，所得的折线图如图 6-2-12 所示。

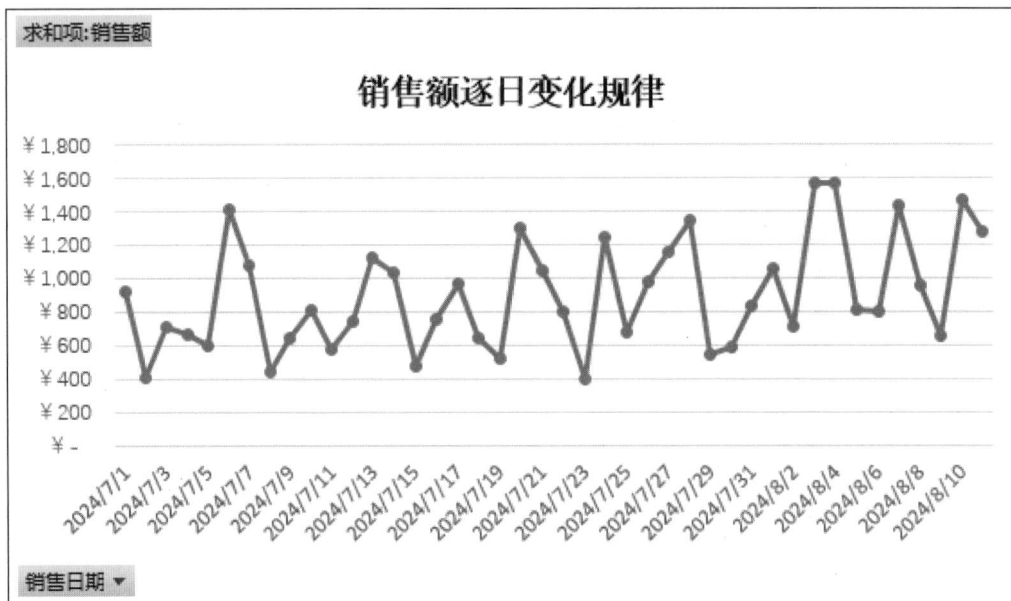

图 6-2-12 "日"销售额统计折线图

从图 6-2-12 可以看出，日销售额呈现较有规则的上下波动，所以，可以考虑用同期平均法进行分析预测。

（3）为方便进行后续的操作，增加一列"星期"，并在 E2 单元格使用 Weekday 函数计算销售日期的星期数，如图 6-2-13 所示。

	A	B	C	D	E	F	G
1	销售日期	销售时间	商品名称	销售额	星期		
2	2024/7/1	11:10	葡萄	=WEEKDAY(A2,2)			
3	2024/7/1	11:30	苹果	WEEKDAY(serial_number, [return_type])			
4	2024/7/1	12:10	苹果	¥ 18	2 - 从 1(星期一)到 7(星期日)的数字		
5	2024/7/1	12:30	雪梨	¥ 28			
6	2024/7/1	13:10	苹果	¥ 140			
7	2024/7/1	13:40	苹果	¥ 130			
8	2024/7/1	14:20	雪梨	¥ 28			
9	2024/7/1	15:40	西瓜	¥ 68			
10	2024/7/1	17:15	雪梨	¥ 28			
11	2024/7/1	18:20	榴莲	¥ 68			
12	2024/7/1	20:05	桔子	¥ 18			
13	2024/7/1	19:30	雪梨	¥ 28			
14	2024/7/1	19:30	西瓜	¥ 68			

图 6-2-13 计算销售日期的星期数

（4）插入数据透视表，操作如图 6-2-14 所示，所得的数据透视表如图 6-2-15 所示。

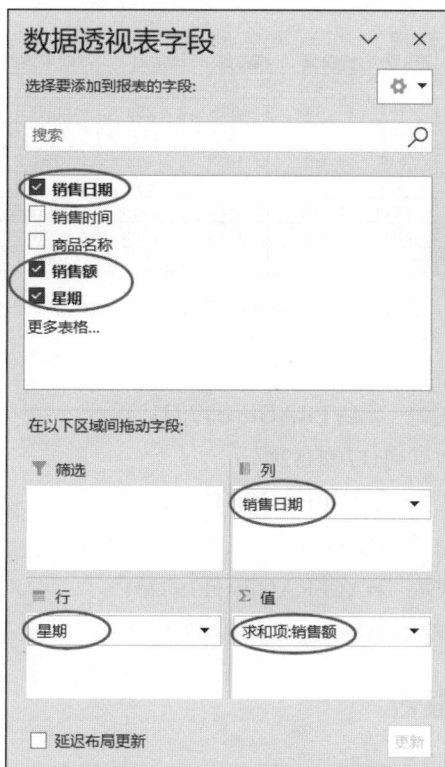

图 6-2-14　既按"周"分组又按"星期"分组的数据透视表布局

图 6-2-15　数据透视表

（5）将数据透视表制作成通俗易懂的统计表，如图 6-2-16 所示。

每周销售额统计/元						
	第1周	第2周	第3周	第4周	第5周	第6周
星期一	924	445	482	801	542	808
星期二	411	644	757	398	589	800
星期三	715	810	967	1245	837	1437
星期四	667	583	640	680	1053	962
星期五	597	749	519	984	717	651
星期六	1412	1124	1299	1155	1568	1466
星期日	1079	1037	1052	1348	1568	1283

图 6-2-16　统计表

（6）在 Excel 中利用同期平均法完成下一周数据的预测，结果如图 6-2-17 所示。

	A	B	C	D	E	F	G	H	I	J
16		第1周	第2周	第3周	第4周	第5周	第6周	同期平均数	季节指数	预测第7周
17	星期一	924	445	482	801	542	808	667	74.10%	784.1
18	星期二	411	644	757	398	589	800	599.8	66.64%	705.1
19	星期三	715	810	967	1245	837	1437	1001.8	111.30%	1177.7
20	星期四	667	583	640	680	1053	962	764.2	84.90%	898.3
21	星期五	597	749	519	984	717	651	702.8	78.08%	826.2
22	星期六	1412	1124	1299	1155	1568	1466	1337.3	148.57%	1572.1
23	星期日	1079	1037	1052	1348	1568	1283	1227.8	136.41%	1443.4
24	平均						1058.143	900.1		

图 6-2-17　用同期平均法分析预测

所用的公式如下：

① 求同期平均数的公式为 "=AVERAGE(B17:G17)"；

② 求季节指数的公式为 "=H17/$H$24"；

③ H24 单元格中的公式为 "=AVERAGE(H17:H23)"；

④ 求预测数据的公式为 "=$G$24*I17"；

⑤ G24 单元格中的公式为 "=AVERAGE(G17:G23)"。

（7）预计下一个双休日的销售额=1572.1+1443.4=3015.5（元）。

6.2.3　撰写分析报告

内容见 "水果销售分析报告.pptx" 文件。

6.3　练习

1. 选择题

（1）数据分析项目完成后，一般要撰写工作总结和数据分析报告。数据分析报告中应包括（　　）。

    A. 经费的使用情况　　　　　　　　　B. 项目组各成员的分工和完成情况

    C. 计划进度和实际完成情况　　　　　D. 数据分析方法和数据分析结论

（2）数据分析报告的作用不包括（　　）。

    A. 展示分析结果　　　　　　　　　　B. 检验分析质量

    C. 论证分析方法　　　　　　　　　　D. 为决策者提供参考依据

（3）某企业需要撰写并发布有关某种产品市场情况的调查报告。以下各项中，除（　　）外都是对撰写调查报告的原则性要求。

    A. 围绕主题，数据精确，用词恰当　　B. 说明调查时间、范围和方法

    C. 用简单的语言和直观的图表述　　　D. 说明调查过程中克服困难的经历

（4）数据分析报告的质量要求中不包括（　　）。

    A. 结构合理，逻辑清晰　　　　　　　B. 实事求是，反映真相

    C. 篇幅适宜，简洁有效　　　　　　　D. 像一篇高水平的论文

2. 综合题

做一个关于大学生兼职情况的调查分析，并撰写分析报告。